通用航空器维修工程师丛书

赛斯纳172型飞机维修教程

李 飞　曾仁维　钱 伟　编著

西南交通大学出版社

·成　都·

图书在版编目（CIP）数据

赛斯纳 172 型飞机维修教程 ／ 李飞，曾仁维，钱伟编著. -- 成都：西南交通大学出版社，2025. 4. --（通用航空器维修工程师丛书）. -- ISBN 978-7-5774-0410-3

Ⅰ. V267

中国国家版本馆 CIP 数据核字第 2025YQ6099 号

通用航空器维修工程师丛书

Saisina 172 Xing Feiji Weixiu Jiaocheng

赛斯纳 172 型飞机维修教程

李　飞　曾仁维　钱　伟　编著

策 划 编 辑	万　方　何明飞
责 任 编 辑	何明飞
责 任 校 对	左凌涛
封 面 设 计	GT 工作室
出 版 发 行	西南交通大学出版社
	（四川省成都市金牛区二环路北一段 111 号
	西南交通大学创新大厦 21 楼）
营销部电话	028-87600564　028-87600533
邮 政 编 码	610031
网　　　址	https://www.xnjdcbs.com
印　　　刷	四川森林印务有限责任公司
成 品 尺 寸	170 mm × 230 mm
印　　　张	16.5
字　　　数	295 千
版　　　次	2025 年 4 月第 1 版
印　　　次	2025 年 4 月第 1 次
书　　　号	ISBN 978-7-5774-0410-3
定　　　价	68.00 元

前　言

2016年，国务院办公厅发布《关于促进通用航空业发展的指导意见》，将通用航空业定位为我国的战略性新兴产业体系。"十三五"期间，中国民用航空局以"热起来、飞起来"为牵引，变革监管理念，创新发展路径，优化运营环境，激发市场活力，通用航空迎来新的发展机遇期。截至"十三五"末，我国传统通航运营企业、运营航空器、年作业飞行量分别达到523家、2 892架、98.4万小时，年均增长5.2%。作为通航运营最重要的航空器型号之一，赛斯纳（Cessna）172天鹰（Skyhawk）系列以其优秀的航空器性能、低廉的运行成本，成为国内保有量最大的通用航空器型号。

赛斯纳172天鹰（Skyhawk）系列是赛斯纳飞机公司于1955年设计的四座单发活塞发动机通用航空器，经过半个多世纪的生产和改进，该型号共交付超过45 000架，是世界上生产量最大的通用航空器。该系列飞机的R型和S型于1998年和2002年取得中国民用航空局许可并进入中国，截至2022年国内共有430余架，广泛应用于飞行培训。

中国民用航空飞行学院于2006年开始引进该飞机，至2021年共有170余架R型和S型飞机在运行，单机年均飞行约1 500小时，机队总安全飞行时间已超100万小时。16年的安全运行，中国民用航空飞行学院积累了大量的赛斯纳172 R/S型飞机的维护经验。2008年，中国民用航空飞行学院组织编写了《Cessna 172R型飞机机型培训教程》，为从事该型飞机维修的人员提供了培训教材。随着该型飞机由R型升级为S型，且CCAR-66部（China Civil Aviation Regulations，CCAR）对简单飞机维修人员提出了新的要求，急需一本符合当前需求的教材，用于指导维修。在中国民用航空飞行学院、四川省通用航空器维修工程技术中心的全力支持下，中国民用航空飞行学院飞机修理厂相关人员完成了本教程的编写。本教程第 1 至 6 章、第 11 至 13 章由中国民用航空飞行学院飞机修理厂李飞编写，第 10 章由中国民用航空飞行学院飞机修理厂曾仁维编写，第 7 章至 9 章由中国民用航空飞行学院飞机修理厂钱伟编写。由李飞完成全书的统稿，中国民用航空飞行学院空管中心龙妍妍对全书进行了校对。

最后，感谢单位领导、同事以及我的家人，你们的支持是我的动力。感谢参与本书出版的所有工作人员，你们的辛勤工作和专业知识使这本书付梓成为可能。

李　飞
于中国民用航空飞行学院
2024 年 10 月

目 录

第 1 章
赛斯纳 172 飞机简介

1.1　赛斯纳飞机公司

　　赛斯纳①飞机公司（Cessna Aircraft）总部位于美国堪萨斯州维奇托市，是一家历史悠久、全球著名的通用航空器制造商，其产品以产量高、种类多在 20 世纪后半叶对民用航空领域产生了深远影响。该公司的创始人克莱德·赛斯纳（Clyde Cessna）先生于 1911 年制造并成功试飞了他的第一架飞机，只比莱特兄弟发明的"飞行者一号"成功试飞晚了约 7 年。1925 年，克莱德·赛斯纳与沃尔特·比奇（Walter Beech，比奇飞机公司的创始人）、劳埃德·斯蒂尔曼（Lloyd Stearman）合作成立旅行航空制造公司（Travel Air Manufacturing Company），该公司迅速成为受欢迎的飞机品牌之一，但由于克莱德·赛斯纳与沃尔特·比奇在飞机设计上的分歧（赛斯纳执着于单翼飞机，比奇要设计双翼飞机），两年后克莱德·赛斯纳离开了旅行航空制造公司。1927 年 9 月，克莱德·赛斯纳先生和合作伙伴维克托 H. 鲁斯（Victor H. Roos）共同成立了赛斯纳-鲁斯飞机公司（Cessna-Roos Aircraft Company），开始批量生产轻型飞机，但不久维克托 H. 鲁斯退出。1927 年 12 月，公司更名为赛斯纳飞机公司（Cessna Aircraft Corporation）。1932 到 1934 年，由于"大萧条"，赛斯纳飞机公司倒闭。1934 年，克莱德·赛斯纳的外甥士德万·华莱士（Dwane Wallace）和德怀特·华莱士（Dwight Wallace）兄弟接手赛斯纳飞机公司并重新开始制造飞机。早期，该公司制造的飞机型号包含 AW、CW-6 和 DC-6 等。

　　在第二次世界大战期间，赛斯纳飞机公司将重心转向军事订单，为美国陆军和加拿大皇家空军等生产 T-50 飞机以及基于 T-50 改型的 AT-17 教练机、UC-78 多用途货机。随着军用飞机的需求订单增长，赛斯纳飞机公司快速发展，员工人数增加至 6 000 余人并扩大了生产线，产品包含教练机、货机和军用滑翔机。二战结束后，随着商业的繁荣，该公司的重心重新回到私人飞行领域，设计了结构简单、价格合理、坚固耐用的织物蒙皮飞机 190/195 系列，以及小型教练机 120 和 140。1952 年，赛斯纳飞机公司收购了 Seibel 直升机公

---

① 赛斯纳，曾被译为塞斯纳，2024 年年初，赛斯纳公司将其中文译名统一为赛斯纳。

司，开始制造直升机。但由于直升机销售量不足，直升机制造业务于 1963 年关闭。1954 年，赛斯纳进入喷气飞机领域，开始为美国空军生产军用教练机 T-37。1956 年，赛斯纳飞机公司发布了通用航空制造历史上的传奇飞机"赛斯纳 172"，绰号"天鹰"（Skyhawk）。该飞机至今已生产超过 4 万架，是世界上最成功、生产量最大的轻型通用飞机，受到世界各地飞行员的喜爱。随着业务量的增长，赛斯纳飞机公司在相关领域开展收购，1959 年，收购了飞机无线电公司（ARC），次年接管制造螺旋桨和飞机部件的麦考利（McCauley）公司。1960 年，赛斯纳飞机公司收购位于法国兰斯的 SNA Max Holste 49%的股份，并将其更名为兰斯航空公司（Reims Aviation），作为欧洲市场产品的制造商。1969 年，赛斯纳开始研制第一架公务机"奖状 500"，尽管该型飞机直到 1972 年才交付，但其还是成为了赛斯纳重要的利润增长点。

1979 年 1 月，美国商务部发布《统一产品责任示范法》（*The Product Liability Risk Retention Act of* 1979），要求飞机生产厂家对其产品终身负责（约 40 年）。这样一来，飞机生产厂家尤其轻型飞机生产商每年因产品责任支付的诉讼费大幅上升，另外每架新飞机必须承担高昂的保险费用。通用飞机事故率较高，许多通用飞机生产厂家不堪承担赔偿重负，只好终止一些老型号的生产，大大影响了新飞机的供应，导致新生产飞机的价格大幅攀升，交付量大幅下降。1979 年美国生产和交付的通用航空飞机有 17 000 架之多，到 1984 年降为 2 600 架。1983 年，赛斯纳飞机公司将 ARC 出售给 Sperry 公司。1985 年，赛斯纳飞机公司被通用动力（General Dynamics）收购，第 2 年停止制造活塞发动机飞机。1989 年，赛斯纳飞机公司将兰斯航空公司的 40%股份出售给总部位于巴黎的 Compagnie Fran&ccedilse Chaufour 投资公司。1991 年，通用动力为了专注于其国防核心业务，将赛斯纳飞机公司出售给德事隆集团（Textron）。

在经历了严重滑坡之后，美国政府重新考虑通用航空的发展。经过多方面的努力，1994 年克林顿总统签署《通用航空振兴法案》（*The General Aviation Revitalization Act of* 1994），把通用航空飞机生产厂商对其生产的飞机及部件产品负责的年限定为 18 年，即通用航空器售出 18 年后，任何人不得就该航空器发生事故所造成的损失，向航空器或其零部件制造商提起民事诉讼，这一规定大大降低了通用航空飞机制造厂商保险费额。该法案一出台就收到立竿见影的效果，赛斯纳飞机公司随即宣布恢复活塞式飞机的生产，并获得批准。2014 年 3 月，德事隆集团收购比奇飞机公司，与赛斯纳飞机公司合并组建德事隆航空（Textron Aviation）。90 余年来，赛斯纳飞机公司累计交付各型飞机 19 万余架，全球范围内超半数的通用航空飞机都来自其生产制造，涵盖喷气公务机、涡桨飞机、高性能活塞飞机以及特殊任务飞机。当前，赛斯纳飞机公司仍然是世界上最知名的通用航空器制造商，旗下产品包含了三种类别，分别为：

1. 活塞螺旋桨飞机系列

赛斯纳 172 天鹰（Cessna 172 Skyhawk）、赛斯纳 182 天巷（Cessna 182 Skylane）、赛斯纳 206 天栈（Cessna 206 Stationair）。

2. 涡轮螺旋桨飞机系列

赛斯纳 208 大篷车（Cessna 208 Caravan）、赛斯纳 408 空中快车（Cessna 408 SkyCourier）。

3. 喷气公务机

奖状经度（Citation Longitude）、奖状纬度（Citation Latitude）、奖状 XLS（Citation XLS）、奖状 CJ4（Citation CJ4）、奖状 CJ3+（Citation CJ3+）、奖状 M2（Citation M2）。

赛斯纳飞机公司的产品于 1993 年首次获得中国民用航空局颁发的型号认可证书，30 年来赛斯纳飞机公司深耕中国通用航空市场，截至 2022 年，旗下 13 种型号的产品获得中国民用航空局认可，在北京、上海设立办公室和技术服务团队。2013 年和 2014 年，赛斯纳飞机公司与中航通用飞机有限公司分别在石家庄和珠海成立了合资公司。石家庄中航赛斯纳飞机有限公司从事赛斯纳 208 大篷车系列飞机的总装及售后服务，珠海中航赛斯纳飞机有限公司则专注在赛斯纳奖状 XLS 公务机的喷漆和交付业务。优秀的飞行性能、先进的航空技术、完善的售后服务及充足快捷的航材供应，使赛斯纳飞机成为中国通航产业最亲密的伙伴，被国内飞行培训和通航运营企业广泛使用。截至 2022 年 12 月，共计 430 余架赛斯纳飞机在中国大陆运行，占全国通用航空器总数的 10%。

1.2 德事隆集团

德事隆集团成立于 1923 年，是一家全球性的多产业集团公司，总部位于美国罗德岛，旗下的五大业务板块分别为贝尔直升机、德事隆航空、德事隆工业、德事隆系统和德事隆金融，其在民用航空业比较知名品牌有贝尔（BELL）、赛斯纳（Cessna）、比奇（Beechcraft）和莱康明（Lycoming）。

德事隆集团的前身，是 1923 年由 22 岁的哈佛毕业生罗伊·利托（Royal

Little）创立的特种纱线公司（Special Yarns Company）。通过收购和扩建，到1930年特种纱线公司的嫘萦产量占全美国的4%，1938年公司更名为大西洋嫘萦公司（Atlantic Rayon）。随着第二次世界大战的爆发，大西洋嫘萦公司作为大战期间降落伞和其他纺织品的主要生产商，迎来了大发展。但战争结束后，公司面临产能利用不足和收入下滑的挑战，罗伊·利托将战时生产降落伞的纺织技术运用在战后生产女士内衣、上衣、床单和其他消费品，公司更名为TEXTRON（德事隆），由象征纺织的TEX和象征人工合成材料的TRON组合而成。1947年，德事隆在纽约证券交易所上市。1960年，为了进入航空航天和国防领域，德事隆收购了贝尔航空器公司（Bell Aircraft Corporation），将其直升机部门更新为贝尔直升机公司（Bell Helicopter Company）。1985年，德事隆收购了总部位于康涅狄格州的Avco集团，Avco集团是专营航空企业收购的事业集团。1998年，德事隆将Avco集团出售，出售时德事隆留下了该集团旗下的莱康明发动机公司（Lycoming Engine）。

1991年德事隆收购赛斯纳飞机公司，2014年德事隆收购比奇飞机公司（Beech Aircraft Corporation），并组建了新业务部门德事隆航空（Textron Aviation），进一步渗透航空市场，该部门下有三个品牌，赛斯纳（Cessna）、比奇（Beechcraft）和霍克（Hawker），拥有全球最全面、丰富的航空产品组合，涵盖喷气公务机、涡桨飞机、高性能活塞飞机，以及特殊任务飞机，为客户设计飞机并提供最佳飞行体验。当前，德事隆航空在全球员工有10 000余名，主要生产基地位于美国堪萨斯州的维奇塔（Wichita）和独立城（Independence）、乔治亚州的哥伦布（Columbus）以及墨西哥的奇瓦瓦（Chinhuahua）。90多年来，德事隆集团旗下德事隆航空集结行业人才，横跨比奇、赛斯纳和霍克三大品牌，生产制造了全球超半数的通用航空飞机，已向170多个国家和地区交付了约25万架飞机，机队总飞行时间超过1亿飞行小时，依靠德事隆航空飞机传奇的性能以及值得信赖的全球客户服务网络，为全球客户提供了高效、经济、灵活的飞行体验。

1.3　赛斯纳172飞机

赛斯纳172天鹰（Skyhawk）系列是赛斯纳飞机公司研制生产的4座单发活塞发动机轻型螺旋桨飞机，是世界上最成功的生产量最大的轻型通用飞机。它于1955年11月首飞，1956年即开始进行批量生产，经过半个多世纪的生产和改进，共交付超过45 000架。全球超过7成的飞行员驾驶过赛斯纳172，该飞机拥有所有通用飞机中最佳的安全纪录和最大的累计飞行小时数。

赛斯纳 172 飞机源自赛斯纳 170（见图 1.1），在改进起落架（后三点改为前三点）、尾翼（圆尾翼改为直尾翼）等部件后，成为最初的赛斯纳 172。

图 1.1　赛斯纳 170

初代赛斯纳 172（见图 1.2）于 1955 年 11 月首飞，选用大陆（Continental）O-300 六缸风冷活塞发动机。该型号问世后，在市场上大受欢迎，仅 1956 年全年就生产了 1 400 多架。

图 1.2　赛斯纳 172

赛斯纳 172A（见图 1.3）于 1960 年开始生产，搭载了一台大陆 O-300 发动机，145 ps①。相对初代 172，172A 由直尾翼变为后掠尾翼，改进了方向舵，同时增加了浮筒构型。

图 1.3　赛斯纳 172A

赛斯纳 172B（见图 1.4）于 1960 年末推出，作为 1961 年的主力机型，其典型特点是起落架更短、发动机架更长（加长 3 in②），重新设计了发动机整流罩和螺旋桨桨帽，并开始使用 "Skyhawk" 名称。

图 1.4　赛斯纳 172B

赛斯纳 172C 于 1962 年推出，可选装自动驾驶仪，安装一键起动。其座椅进行了重新设计，六向可调，并有供选装的儿童座椅，可以在行李区携带两个小孩。

---

① 1 ps=735.5 W。

② 1 in=25.4 mm。

赛斯纳 172D（见图 1.5）对后客舱进行改进，采用环绕式全方位后窗和整块挡风玻璃，新设计了方向舵和刹车踏板。

图 1.5　赛斯纳 172D

赛斯纳 172E 重新设计了仪表板，飞机总重增加至 1 043 kg。

赛斯纳 172F（1965 年型号，见图 1.6）开始增加较为先进的电子仪表设备，使用电机代替杠杆驱动襟翼。赛斯纳 172F 经授权也在法国的兰斯（Reims）生产，型号名称改为 F172/FR172。赛斯纳 172F 总共生产了 1 436 架。

图 1.6　赛斯纳 172F

赛斯纳 172G（见图 1.7）于 1966 年开始进入市场，拥有更加尖锐的螺旋桨桨帽，后续生产的机型均按照这一配置进行了升级，总共生产了 1 597 架。

图 1.7 赛斯纳 172G

　　1967 年开始生产的赛斯纳 172H 是最后使用大陆 O-300 发动机的型号。其前起落架更短,用来减少飞行的阻力。新设计的整流罩引入了减振装置,极大程度地降低驾驶舱内的噪声,同时也降低了整流罩开裂的概率。其电动的失速警告喇叭也改为了气动的。

　　1968 年,从赛斯纳 172I(见图 1.8)开始,该型飞机改用莱康明发动机公司的发动机。赛斯纳 172I 安装 1 台莱康明 O-320-E2D 四缸活塞发动机,在维护成本和性能上有很大的提高。赛斯纳 172I 采用了标准的 T 型仪表板。

图 1.8 赛斯纳 172I

　　1968 年,赛斯纳飞机公司计划用全新设计 172J 飞机取代之前的 172 飞机。它的总体配置与之前的基本相同,但是其挡风玻璃更加倾斜,机翼没有了斜撑,其内饰也更加时尚。但是由于之前的 172 版本飞机在飞行学校以及经销商中太过流行，最终这一替代计划被取消。

1969 年，赛斯纳 172K（见图 1.9）进入市场，其尾翼进行了全新的设计，后窗面积也更大。这款机型在 1969 年和 1970 年分别生产了 1 170 架和 759 架。

图 1.9　赛斯纳　172K

1971 年赛斯纳引入 172L（见图 1.10）飞机。这款飞机的主起落架采用了锥形钢管，使得起落架更宽但是整体更轻，其整体的空气动力学性能与之前保持不变。赛斯纳 172L 飞机在 1971 年和 1972 年分别销售了 827 架和 984 架。

图 1.10　赛斯纳　172L

赛斯纳飞机公司于 1973 年对机翼进行了改进，推出赛斯纳 172M（见图 1.11），其下垂的机翼前缘使得飞机的低速操纵性能大大提高。

图 1.11　赛斯纳　172M

　　1977 年开始生产的赛斯纳 172N（见图 1.12），赛斯纳飞机公司也称其为"天鹰 100"，因为其使用 100 号燃料。其发动机为莱康明 O-320-H2AD，160 ps。1978 年生产的"N"型 172 使用 28 V 电气系统取代之前的 14 V 电气系统。

图 1.12　赛斯纳　172N

　　赛斯纳 172O 未使用，以免客户将字母"O"与数字"0"混淆。

　　赛斯纳 172P（见图 1.13）或天鹰 P 的引入是为了解决 N 型飞机的发动机可靠性问题，使用了莱康明 O-320-D2J 发动机。P 型将最大襟翼偏转角度由 40°降低为 30°。

图 1.13　赛斯纳 172P

赛斯纳 172Q 于 1983 年推出，定名为"Cutlass"，使用 180 ps 的莱康明 O-360-A4N 180 发动机，实际上是 180 ps 的赛斯纳 172P。相对赛斯纳 172P 有更大的有用载荷和更快的爬升速度。

1986 年，赛斯纳飞机公司停止了活塞螺旋桨飞机的生产，至 1994 年恢复生产广受欢迎的赛斯纳轻型飞机。1995 年 4 月，赛斯纳 172R"天鹰（Skyhawk）"（见图 1.14）首飞，并于 1996 年推向市场。该机型在赛斯纳 172N 基础上有较大的改进，改用性能更为先进的莱康明 IO-360-L2A 发动机（160 ps）。在随后的几年里，赛斯纳 172R 飞机的配置不断丰富，增加了 GPS、自动驾驶仪等先进的飞行电子仪表及导航设备，机舱内部也进行了改进，设有温度调节装置、通风系统，提高了舒适度。

图 1.14　赛斯纳 172R

1998 年，赛斯纳飞机公司在赛斯纳 172R 的基础上推出了赛斯纳 172S"天鹰（Skyhawk）SP"（见图 1.15），提高了发动机的动力和商载能力，将莱康明

IO-360-L2A 发动机的功率提高至 180 ps，更换了新型号的螺旋桨，其最大转速增加至 2 700 r/min，最大起飞重量增加至 1 157 kg。赛斯纳 172R 与 172S 基本数据对比见表 1.1。2005 年赛斯纳飞机公司对赛斯纳 172 飞机进行了一次重要的升级，用佳明公司生产 G1000 综合航电系统替换了传统分离式仪表，2009 年赛斯纳飞机公司停止了赛斯纳 172R 的生产。

图 1.15　赛斯纳 172S

2010 年 7 月，赛斯纳飞机公司与 Bye Energy.Inc 宣布合作开发电力推进的赛斯纳 172 概念机。样机于 2011 年 7 月 22 日进行滑行测试，随后首飞，该型飞机并未交付客户。2014 年 7 月，赛斯纳飞机公司推出航空煤油版本的 172 飞机赛斯纳 172 JT-A（见图 1.16），该机使用了大陆发动机集团的 CD-155 航空煤油发动机，于 2017 年 6 月取得美国联邦航空局（Federal Aviation Administration，FAA）和欧洲航空安全局（European Union Aviation Safety Agency，EASA）认证。2018 年 5 月，该项目被取消。

图 1.16　赛斯纳 JT-A

表 1.1 赛斯纳 172R 与 172S 基本数据对比

参 数		赛斯纳 172R	赛斯纳 172S
基本参数	总长	27 ft[①]2 in	27 ft 2 in
	翼展	36 ft 1 in	36 ft 1 in
	高度	8 ft 11 in	8 ft 11 in
	最大停机坪重量	2 457 lb[②]	2 558 lb
	最大起飞重量	2 450 lb	2 550 lb
	最大着陆重量	2 450 lb	2 550 lb
	最大行李箱重量	120 lb	120 lb
	最大燃油箱容积	可用燃油 53 US gal[③] 总容量 56 US gal	可用燃油 53 US gal 总容量 56 US gal
	最大滑油容积	8.0 quart[④]	8.0 quart
动力装置螺旋桨	发动机型号	莱康明 IO-360-L2A	莱康明 IO-360-L2A
	最大动力输出	160 ps	180 ps
	燃油牌号	100/100LL	100/100LL
	发动机转速限制	2 400 r/min	2 700 r/min
	螺旋桨型号	麦考利 1C235/LFA7570	麦考利 1A170E/JHA7660
性能参数	升限	13 500 ft	14 000 ft
	最短起飞距离（地面滑跑）	945 ft	960f t
	最短起飞距离（50 米越障）	1 685 ft	1 630 ft
	海平面最大爬升率	720 ft/min	730 ft/min
	海平面最大速度	123 kt[⑤]	126 kt
	最大航程	687 n mile[⑥]/6.6 h	638 n mile/6.72 h
	最大巡航速度	122 kt	124 kt
	最短着陆距离（地面滑跑）	550 ft	575 ft
	最短着陆距离（50 米越障）	1 295 ft	1 335f t

注：赛斯纳 172R 型可以使用 MK172-72-01 改装包将发动机马力和螺旋桨转速
提升至最大 180 ps 和 2 700 r/min。

① 1 ft=0.3048 m。
② 1 lb=0.454 kg。
③ 1 US gal=3.79 L。
④ 1 quart=0.946 L。
⑤ 1 kt=1.852 km/h。
⑥ 1 n mile=1.852 km。

当前，赛斯纳 172 系列飞机仅赛斯纳 172S 还在持续生产，在国内通航市场仅赛斯纳 172R 和 172S 两种型号在运行。赛斯纳 172R 是赛斯纳 172 系列飞机中首个采用美国联邦航空规章第 23 部（以下简称 14CFR PART23）认证的机型（172R 以前的型号使用民用航空规章第 3 部认证）。这两种型号分别于 1996 年 6 月 21 日和 1998 年 5 月 1 日取得美国联邦航空局型号合格证，于 1998 年 4 月 27 日和 2002 年 7 月 26 日取得中国民用航空局型号认可。这两种型号在取证时，均获得了正常类和实用类两种类别，在后座无人，行李箱空时，可做有限特技飞行。

截至 2022 年 12 月，赛斯纳 172R 和 172S 在国内的总注册数分别为 179 架和 259 架[①]。从外观上看，赛斯纳 172R 和 S 的主要区别：赛斯纳 172R 只有左边机翼上有着陆滑行灯，赛斯纳 172S 在左、右机翼上均有着陆滑行灯；赛斯纳 172S 螺旋桨比赛斯纳 172R 更细更长；赛斯纳 172S 螺旋桨桨帽使用了银色镀层，而赛斯纳 172R 螺旋桨桨帽使用白色油漆。

赛斯纳 172 飞机除 R 和 S 型号外还存在一些细分类别，如在赛斯纳 172R 型向赛斯纳 172S 升级阶段，有一种中间类别为赛斯纳 172R（180HP）。根据飞机安装的仪表不同，赛斯纳 172 可分为普通仪表型和 G1000 综合航电型（R 和 S 型号均存在）。赛斯纳 172 普通仪表型仅在左仪表板安装分离式仪表，G1000 综合航电型（简称 G1000 型）安装佳明公司生产的 G1000 或 G1000NXi 综合航电系统，根据使用的导航设备差异，综合航电型又有 NAV I、NAV II 和 NAV III（NAV 代指 Navigation）三个类别。此外，根据安装的自动机驾驶仪的不同，又可以分为 GFC 700 和 KAP 140 两种类别。这些细分类别将影响后续的飞机维护和使用。因此，飞机进入运行后，应第一时间查阅装机设备清单，确认该飞机安装的所有设备，再确认使用的各类手册是否满足飞机的设备要求，特别是飞行员操作手册（Pilot's Operating Handbook，POH；也称为 Airplane Flight Manual，AFM；本书使用 POH 的缩写）。在后续章节中，以"赛斯纳 172"描述的内容，适用于赛斯纳 172R 和 172S 及所有细分型号，如某段内容仅适用于细分型号，将以详细的细分型号进行描述。

---

① 数据来源于 2022 适航审定部门年度报告。

第 2 章
机体结构

2.1 机体结构概述

赛斯纳 172 飞机机体结构为典型的全金属半硬壳式结构，包含机身、机翼、安定面、舵面等，在机体结构上安装有舱门、窗和灯光等如图 2.1 所示。半硬壳式机身中，梁和桁条用来承受弯矩引起的轴向力。蒙皮除了要不同程度地承受轴向力外，还要承受全部剪力和扭矩。隔框用来保持机身的外形和承受局部空气动力，此外还要承受各部件传来的集中载荷，并将这些载荷分散地传给蒙皮。半硬壳式结构使得机体坚固但重量很轻，是当前广泛采用的一种机体结构。

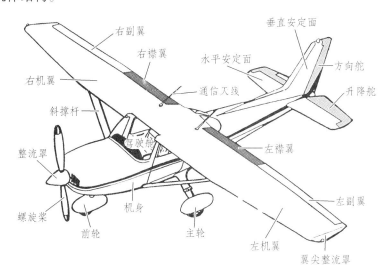

图 2.1　赛斯纳 172 飞机机体

2.1.1 站位和编码

在了解机体结构前，先了解一下赛斯纳 172 飞机的站位和编码系统。《赛斯纳 172 飞机维修手册》（Aircraft Maintenance Manual，AMM）第 6 章分别对机体结构和检查口盖提供了编码系统。机体结构的站位编码分为机身站位（Fuselage

Stations，FS）和机翼站位（Wing Stations，WS），目的是为飞机内、外部安装的所有零部件提供定位参考点。机身站位从防火墙开始，延伸至飞机尾椎。站位编码以字母 FS 和 3~5 位数字构成，FS 表示机身站位，数字为该位置距离防火墙以英寸为单位的距离，防火墙向后数值为正，防火墙向前数值为负。例如，FS178.00 指距防火墙（FS0.00）后 178.00 in 的位置，如图 2.2 所示。机翼站位从机翼翼根部开始，延伸至翼尖，站位编码以字母 WS 和 5 位数字构成，WS 表示机翼站位，5 位数字为该位置距离机体对称面的距离，如图 2.3 所示。

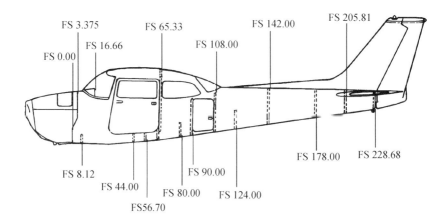

图 2.2　机身站位

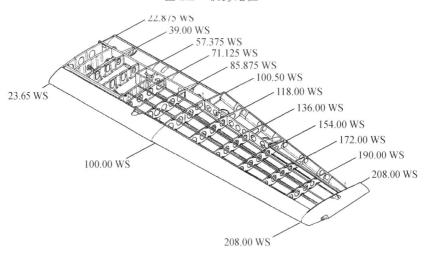

图 2.3　机翼站位

为了快速定位飞机机体上的口盖或张贴的标识，AMM 第 6 章还提供了飞机位置区位编码，如图 2.4 所示。该编码以三位数字表示飞机区位：第一位数字表示较大的区位，第二位数字表示较小的区位，第三位数字表示更小的区位。三位数字的第一位，含义如下：

100——防火墙的前侧；

200——防火墙的后侧；

300——座舱后部至飞机末端；

500——左机翼；

600——右机翼；

700——起落架。

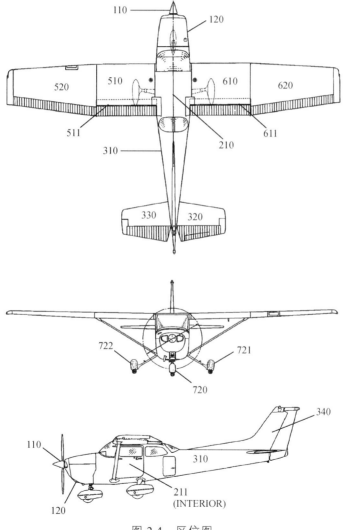

图 2.4　区位图

对于检查口盖，使用区位编码加两位字母进行编码。紧跟区位编码的第一位字母表示第几个盖板，"A"表示第一个口盖，"B"表示第二个口盖，以此类推。第二位字母表示口盖在区位中上（T）、下（B）、左（L）、右（R）的位置。例如，口盖510AB，表示510区位（左机翼内侧）的第一个盖板，位于机翼下部。检查口盖的详细编码信息，请查阅 AMM 06-20 章节。

2.1.2 机　身

赛斯纳172飞机机身分为前部、中部和尾椎3个部分，主要由成型隔框、纵向桁条、通道隔框和蒙皮等结构构成，如图 2.5 所示。结构的主要材料为2024-T3包铝板，加强肋和通道隔框的材料为2024-T42包铝板，由铆钉连接在一起。隔框按照承受应力的能力分为加强隔框和普通隔框，0 号、2 号、3号、4 号、5 号、7 号、10 号和11 号为加强隔框，其他隔框为普通隔框，如图2.6 所示。隔框与梁、桁条构成机身受力骨架，外部铆接蒙皮，形成机身气动外形。加强隔框比普通隔框具有更高的强度和刚度，因此连接其他部件的接头均安装在加强隔框上。

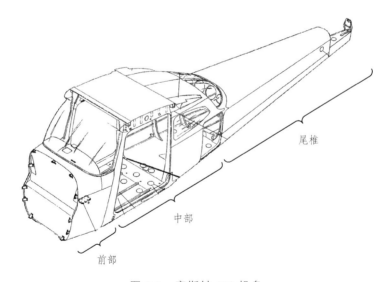

图 2.5　赛斯纳 172 机身

1. 机身前部

机身前部为防火墙、仪表板隔框、U 形隔框、蒙皮等。防火墙铆接在 0 号隔框上，为 0.016 in 厚 18-8 型号的防腐退火不锈钢板，分为上下两个部分，中间使用铆钉连接。在防火墙的左上、左下、右上、右下有 4 个发动机架连接点，该连接点由 0 号隔框支撑，并通过纵向桁条与仪表板隔框相连，并向后延伸至机身舱门立柱。下部防火墙中间铆接前起落架安装座（7075-T73 铝合金锻件），左侧铆接蓄电池支架，右侧铆接燃油滤支架。

机身前部下方为 U 形隔框，其材料为 2024 铝合金，加工成型后，进行 T42 热处理，并喷涂环氧底漆进行防腐。

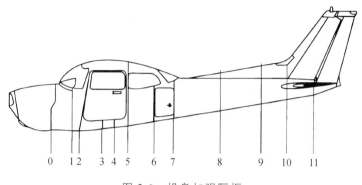

图 2.6　机身加强隔框

注：0 号、2 号、3 号、4 号、5 号、7 号、10 号和 11 号为加强隔框。

2. 机身中部

机身中部为驾驶员和乘客舱，是机身结构最强的部分，机翼、主起落架、座椅均连接于这个部分。2 号隔框上部横梁的两端用于固定左右机翼前部接头，下部安装的斜撑杆接头用于固定机翼斜撑杆。3 号和 4 号隔框固定了用于安装主起落架的支座，该支座为 7075-T73 铝合金锻件。5 号隔框上部的横梁两端用于固定左右机翼后部接头。

3. 尾椎部分

自 6 号隔框向后，为飞机机身的尾椎部分。10 号隔框用于固定垂直、水平安定面前部接头，11 号隔框用于固定垂直、水平安定面后部接头。靠近机身中部的尾椎部分，设置有行李舱（机身站位 FS90.00～FS142.00），行李舱门位于机身左侧，行李舱门上贴有行李舱载重限制信息的铭牌。行李舱分为两个区域，区域 1 位于后排座椅后（FS82.00～FS108.00），其允许最大载重为 120 lb。区域 2 位于区域 1 之后（FS108.00～FS142.00），其允许最大载重为 50 lb，区域 1 和区域 2 的总载重不得超过 120 lb。从机身左侧行李舱门或座舱内均可接近行李舱。放置行李时，可利用飞机上提供的系留环、行李固定网进行固定。

2.1.3 舱门和窗

机身两侧各有一扇外推式驾驶舱舱门，驾驶员和乘客可利用舱门外部或内部的手柄将舱门打开（OPEN）、关闭（CLOSE）和锁定（LOCK）。当舱门打开大于一定角度时，位于其连接铰链附近的舱门限位弹簧可将其保持在打开位。左舱门外侧手柄下方安装有舱门锁，在驾驶舱外部可以使用钥匙（点火钥匙）锁住驾驶舱门，该舱门锁的设计是只要舱门打开外部舱门锁的手柄即向外伸出，在完全关闭舱门前不要试图将其压入，外部舱门锁压入的情况下关闭舱门将损坏舱门锁和机身舱门结构。从驾驶舱内部关闭舱门，向前转动内部手柄至上锁位（与扶手齐平），舱门完全锁定。舱门上方安装有可向外打开的舱门窗，打开后由内部弹簧将其保持在打开位，当指示空速低于 163 kt 时，允许舱门窗在飞行中打开。机身左后部设置有一扇向外打开的行李舱门，按下行李舱门锁，可以将行李舱门打开。

赛斯纳 172 飞机的窗包含了前风挡、左右驾驶员窗、左右乘客窗和左右后窗。窗的材料为丙烯酸树脂，应避免与甲醇、酒精、汽油、苯、二甲苯、甲基酮、丙酮、四氯化碳、稀释剂等有机溶剂接触，也不要用商用或家用的清洁剂对窗进行清洁。由于紫外线会造成有机物的老化，赛斯纳 172 飞机应尽量停放于机库或遮阳的区域，以避免阳光直晒窗。

清洁窗时，应先用洁净的水冲洗窗表面，再用蘸有中性肥皂水或清洗剂溶液的干净软布或海绵擦拭清洗表面。清洁时，手上的首饰应摘下，避免划伤窗的表面。清洁之后，使用大量的水小心冲洗，然后用一块干净湿润的软布擦干水汽。不能用干布擦窗，因为干布与窗摩擦会产生静电，从而吸附灰尘。窗上细小的刮痕，可用软布蘸 AMM 推荐的塑料抛光剂，用手使劲打磨，再用更细的塑料抛光剂抛光，最后用干燥的软布擦净。当在窗上出现裂纹时，可在裂纹两端打止裂孔，钻孔时必须使用专用的钻孔工具，并用冷却液冷却钻孔位置。钻孔时钻头和转速选择，参见 AMM 第 56 章节。

2.1.4 机　翼

赛斯纳 172 飞机机翼为双梁式结构，前梁为工字结构主梁，后梁为辅助梁。两个梁之间用一定数量的翼肋相连，梁、翼肋和桁条构成完整的框架结构，外部铆接蒙皮形成机翼。翼肋由前、中、后三段组成，分为普通翼肋和加强翼肋。普通翼肋用来构成机翼并保持翼形，将蒙皮传递来的局部气动载荷传递给翼梁，将局部气动载荷产生的扭矩，通过铆钉以剪切的形式传递给蒙皮。加强翼肋不仅需要承受上述载荷，还承受和传递较大的集中载荷。在每个机翼内部有整体式油箱，位于 WS31.28 与 WS65.125 之间，是由前后梁、翼肋和蒙皮围成的封闭结构，使用密封胶密封。每个机翼上，有三个连接点，前、后梁连接点用来与机身连点相连（见图 2.7），且后梁连接点设置有偏心衬套，通过转动偏心衬套可调节机翼迎角。第三个连接点用来连接斜撑杆，与前、后梁连接点构成稳固的固定结构。

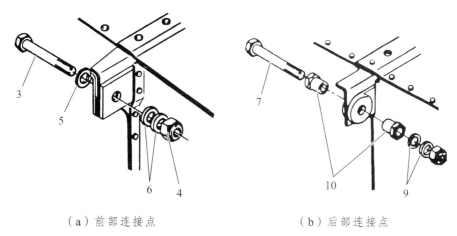

（a）前部连接点　　　　　　　　　　（b）后部连接点

图 2.7　机身连接点

在赛斯纳 172 飞机机翼上安装有滑行灯和着陆灯（172R 仅左边，172S 两边都有）、航行灯、失速告警装置、整流罩、加油口、翼尖等，在机翼外部铰接副翼。赛斯纳 172 飞机允许根据维修、运行需求，在机翼上增加检查口，每个机翼最多允许增加 5 个检查口。由于增加检查口会降低机翼的整体承力能力，新增加检查口应慎重。增加检查口的详细程序见赛斯纳 172《单发飞机结构修理手册》（Single Engine Structural Repair Manual，SRM）第 57-00-00 章节。如果机翼发生比较严重的损伤，应当对机翼进行扭曲度检查，机翼扭曲度检查参考点在 WA39.00、WS100.50 和 WA207.00 上，详细检查程序见 SRM 第 57-22-00 章节。

2.2　内饰和座椅

2.2.1　内　饰

在赛斯纳 172 飞机座舱侧面和顶部，安装有有机材质的座舱内饰板，用螺钉与机体结构相连。在座舱下部地板上，安装了地毯和橡胶垫，用魔术贴（Velcro）与地板相连。在内饰板与机体结构之间，加装了降噪、隔热的材料。

2.2.2 座椅

赛斯纳 172 飞机座椅包含两个前后、上下可调的驾驶员座椅（前排座椅，见图 2.8）和一个靠背倾斜角度可调的乘客座椅（后排座椅）。正、副驾驶座椅框架中央下面的手柄用于调整座椅的前、后位置。调整时，向上拉起手柄，从滑轨锁定孔中脱开锁定机构，将座椅移动到所需位置，然后松开手柄，并检查座椅是否固定好。座椅滑轨对前后位置的牢固固定非常重要，由于前后位置调节频率非常高，滑轨的磨损等损伤不可避免，AMM 手册第 5-14-11 章节提供了座椅滑轨的补充检查要求。

注意：调整座椅前后位置，一定要确认锁定机构锁定到位，避免飞行中座椅前后滑动。

警告：前排座椅安装在滑轨上，滑轨前后两端安装有座椅止挡块，座椅止挡块的安装非常重要。止挡块的缺失可能造成飞机加减速时座椅从滑轨脱出，使飞行员处于非常危险的状况，特别是在起飞或降落时。

前排座椅高度由座椅下方的高度调节手柄和蜗杆机构调节，转动座椅右侧下方的大手柄，直到高度调整到合适位置。拉起位于座椅垫前部中央下方的靠背角度调节手柄，可调节座椅靠背角度，将座椅靠背调整到需要的角度后松开手柄座椅角度固定。当座椅上无乘员时，拉起手柄座椅靠背将自动地向前折起。后排座椅包括一个整体式固定的坐垫和三位可调的靠背。使用位于座椅支架中间下面的手柄调整靠背。要调整座椅靠背时，抬起手柄，将座椅靠背调整到需要的角度，松开手柄并检查靠背是否锁到位。前后舱座椅都安装了头枕，调整头枕时用力将它抬起或压低至需要位置。

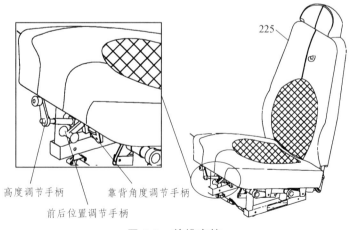

图 2.8　前排座椅

赛斯纳 172 飞机所有座椅标配三点式座椅安全带，包括用于肩部的 个头顶惯性卷筒和腰部的锁定机构。座椅安全带的设计允许上身部位能够完全灵活运动，腰部安全带提供腰部约束。一旦突然减速，惯性卷筒自动锁定，从而为使用者提供正确的约束。前排座椅的惯性卷筒位于座舱上部的中心线处，后排座椅的惯性卷筒位于每个乘客外侧的座舱上部。系座椅安全带时，朝一个方向拉出惯性卷筒中的安全带，并将锁扣插入锁定机构中，听到清脆的"咔嚓"声，说明安全带已完全锁定。使用座椅安全带前，应快速拉动安全带，测试惯性卷筒是否能自动锁定。按压带扣上的松开按钮，可以解开安全带，惯性卷筒的弹簧力可以自动地收起安全带。

赛斯纳 172 飞机也可选用气囊式安全带，其约束方式与标配三点式座椅安全带一致，包含了安全带气囊组件、充气组件、电子模块组件（EMA）和电缆接口。气囊式安全带的传感器在检测到冲击时，将在几毫秒内对气囊充气，保护驾驶员和乘客的头部和上半身免受撞击，提高驾驶员和乘客的生存能力。气囊式安全带的充气组件和电子模块组件应定期拆下，送到原制造厂进行检查和修理。气囊式安全带扣上或电子模块组件连接上时不要试图将其从飞机上拆下，否则可能造成系统损坏或系统偶然性触发而导致人员的伤害。安装气囊式安全带时，除非电子模块组件先装到飞机结构件上，否则不要连接电子模块组件的电气接线，否则可能会触发导致人员的伤害。

注意：安全带为飞机的应急系统，其相关的部件或零件是不可修理的，如果有工作不正常应更换新件。

2.3 机身防火

赛斯纳 172 飞机标配一个手提式灭火瓶，灭火剂为 1211，灭火瓶安装于正副驾驶员之间的地板上（见图 2.9），由一个易开卡环支架组件固定，可用于扑灭固体、液体或气体火。该灭火瓶应当每 12 个日历月完成瓶体称重，如果重量减少超过 2 oz[①]，必须由有资质的厂家重新灌装。每 6 年排空检查有无损坏，然后重新灌装。每 12 年对瓶体进行水密性测试。

---

① 1 oz=28.35 g。

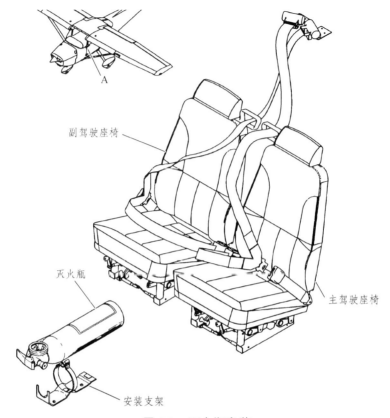

副驾驶座椅

灭火瓶

主驾驶座椅

安装支架

图 2.9　灭火瓶安装

由于 1211 灭火剂会破坏臭氧层，国际民航组织于 2016 年 11 月 25 日通过的《国际民航公约》附件修订要求 2018 年 12 月 31 日后取得单机适航证的航空器，其配置的手提式灭火器所使用的灭火剂，必须是符合环保要求的新型灭火剂。2021 年 11 月 25 日，中国民航局发布的适航指令《航空器手提式灭火器使用替代哈龙的灭火剂》（CAD2021-MULT-80）提出了相同的要求。因此，该适航指令发布之后的航空器，均应当使用灌充替代灭火剂的灭火瓶。

2.4　机身结构常见故障

2.4.1　腐　蚀

1. 腐蚀类型

腐蚀是一种自然现象，通过化学或电化学作用侵蚀金属，并将其转化为金属化合物，如氧化物、氢氧化物或硫酸盐等。在飞机机身结构腐蚀中，按照腐蚀机制分为化学腐蚀、电化学腐蚀和物理腐蚀，其中电化学腐蚀是最为普遍。当两种不同的金属在存在电介质的情况下发生电接触时，就会发生电化学腐蚀。电化学腐蚀的速度取决于不同金属之间反应活性的差异，差值越大腐蚀发生得越快。另外，腐蚀速度还取决于接触面积的大小，如果腐蚀金属（阳极）的表面积小于活性较低的金属（阴极）的表面积，腐蚀将迅速而严重。赛斯纳172飞机常用材料的反应活性以递减方式排列如下：

（1）镁和镁合金。

（2）铝合金1100、3003、5052、6061、220、355、356，镉和锌。

（3）铝合金2014、2017、2024、7075和195。

（4）铁、铅及其合金（除了不锈钢铁）。

（5）不锈钢铁，钛、铬、镍、铜及其合金。

（6）石墨（包括含有石墨的干膜润滑剂）。

化学腐蚀指金属表面与非电介质直接发生化学反应而引起的腐蚀，此反应过程中无电流产生，如铝合金表面与氧气发生反应生成氧化物、镁或钛在甲醇中的腐蚀等均属于化学腐蚀。物理腐蚀是指金属和周围的介质发生单纯的物理溶解而产生的破坏，金属在液态金属高温熔盐、熔碱中均可发生物理溶解，物理腐蚀在机身结构中很难出现。

按照腐蚀程度，赛斯纳172飞机结构腐蚀分为三种类型：轻度、中度和严重。轻度腐蚀表现的特征为褪色或不超过0.001 in深度的凹坑，这种类型的损伤通常可通过细砂纸或最少量的化学处理清除。中度腐蚀类似轻度腐蚀，可能会起泡或一些明显的分层或卷曲，凹坑深度不超过0.010 in，这种类型的损伤通常可通过粗砂纸或机械打磨清除。严重腐蚀一般出现类似中度腐蚀的现象，带有严重的起泡剥落、分层或卷曲，凹坑深度不超过为0.10 in。这种类型的损伤通常可通过大量机械打磨或研磨清除，或者更换新件。另外，除上述给定的尺寸限制外，按照赛斯纳172飞机结构修理通用规则，中度腐蚀深度一般不超过材料总厚度的10%，严重腐蚀深度一般不超过材料总厚度的15%。

2. 腐蚀剂

引起金属机身结构腐蚀的腐蚀剂，最常见的为酸、碱和盐，大气和水是最常见的介质，也有可能直接作为腐蚀剂。

一般来说中等强度的酸就会严重腐蚀大多数机身金属，其中最具破坏性的是硫酸，通常在飞机蓄电池中有稀硫酸。人和动物分泌物中的有机酸腐蚀性也较强。碱通常不如酸具有腐蚀性，但碱溶液会侵蚀铝、镁合金，如洗涤的小苏打溶液。大气中的工业污染物，也可能产生腐蚀剂，如硫的氧化物，当其与水结合时，会形成对大多数金属具有破坏性的高腐蚀性硫基酸。大多数盐溶液都是良好的电介质，可以促进腐蚀。将机身材料暴露在盐或盐溶液中是有害的，机身中的不锈钢合金耐盐溶液，但铝合金、镁合金和其他钢极易损坏。在海洋大气中含有盐颗粒或盐饱和水滴，由于盐溶液是电介质，它们会加速铝、镁合金腐蚀。另外，对于铝、镁合金机身，应特别关注的是金属汞腐蚀，汞对铝合金最具破坏性。在机身结构中，还应关注的是微生物，微生物会释放腐蚀产物。

3. 腐蚀防护

电化学腐蚀的发生必须具备以下 4 个条件：

（1）存在阳极，即会被腐蚀的金属。

（2）存在阴极，即不易腐蚀的另一种导电材料。

（3）存在电介质。

（4）存在电流回路，阳极和阴极之间的电接触，通常是金属与金属接触或通过紧固件导通。

因此，消除上述任意一条件都会终止腐蚀的发生。因为阳极金属、阴极不易腐蚀材料和空气中水蒸气形成的电介质通常不可避免，所以消除第 4 个条件是最好的方法。在金属表面用有机膜（如油漆、油脂、塑料等）覆盖，将阻止电介质从阴极到阳极的连接，电流不能流动，从而保护阳极金属材料。此外，在飞机设计规范中，通常要求在所有可能聚集水分和其他流体的区域设置排水管或排水孔，对飞机维护时，应确认其未被密封剂、污垢、油脂和碎屑堵塞，避免形成电介质。对于泼洒在飞机中的液体，如饮料、清洗剂等，应当立即进行清理。另一种防止电化学腐蚀的方法是在需要保护的金属结构上，铺一层更具活性的金属层，如在钢部件表面镀锌或镉，当形成电化学腐蚀时，锌或镉作为阳极发生腐蚀，从而保护阴极钢部件。

4. 赛斯纳 172 飞机上常见的腐蚀区域和处理

赛斯纳 172 飞机上常见的腐蚀区域为蓄电池舱或蓄电池通风孔附近、发动机排气管尾迹区域、起落架或机轮轮轴、操纵钢索。蓄电池舱和蓄电池通风孔邻近区域是腐蚀的重灾区，特别是蓄电池舱下部，蓄电池电解液有可能溢出并留在该区域。如果蓄电池电解液溢出，应及时进行中和和清洁。使用微量的硼酸溶液中和碱性蓄电池电解液（镍镉蓄电池）或使用碳酸氢钠溶液中和酸性蓄电池电解液可使腐蚀控制在最小。如果没有硼酸溶液或碳酸氢钠溶液，可用水冲洗电解液溢出区域。在发动机排气管尾迹区域，特别是整流罩和机身结构的接缝、缝隙处，常常残留大量的废气沉积物，日常维护中应当仔细清洁和检查。赛斯纳 172 飞机主起落架和机轮轮轴，在使用中常常暴露在雨水、泥、盐、砂石和其他来自跑道的碎屑中，其结构容易出现腐蚀，关于起落架和机轮轮轴腐蚀，详见第 4 章"起落架系统"。赛斯纳 172 飞机可安装碳钢和不锈钢两种材质的钢索，相对不锈钢钢索，碳钢钢索易出现腐蚀，关于钢索腐蚀，详见第 3 章"飞行操纵系统"。

赛斯纳 172 飞机机身结构腐蚀通常使用化学处理、氧化铝或与被处理材料相似材料的金属纤维进行手工打磨、机械打磨或研磨。采用何种方法，取决于金属材料和腐蚀程度。

1）铝合金

赛斯纳 172 飞机大多数成型铝合金结构件和蒙皮使用 2024-T3 和 2024-T42 包铝板制造，包铝是在铝合金基材上层压一层厚度为 1 ~ 5 mil① 的纯铝，由于纯铝具有较强的耐腐蚀性，可保护铝合金基材。这类铝合金结构件，必须尽可能地保持包铝层的完整性。如果包铝层必须被机械破坏，应当对破坏掉的区域进行化学防腐并涂环氧树脂底漆。

2）钢

钢材的表面氧化物不同于铝合金材料表面氧化物，不具备保护基材的能力。钢材表面氧化物还能从空气中吸收水分，加速腐蚀。因此，钢材腐蚀后应立即清理表面氧化物，并进行防腐处理。

在修理飞机结构时，应使用手册推荐的金属修理材料和铆钉，修理前和修理后应及时进行防腐处理。铝合金结构件在安装前，裸露区域应先经化学处理，再涂环氧树脂底漆用于防腐。在完全安装后，再涂一层面漆，详细信息见 AMM 第 20-31 章节。对于防火墙的修理，在铆接前应在接缝、接头、铆接孔区域均匀地涂上一层手册推荐的密封胶，相关信息详见 SRM 第 53-40 章节。

2.4.2 损 伤

1. 损伤类型

赛斯纳 172 飞机结构损伤分为三种类型：可忽略损伤、可修复损伤和可更换损伤。

对于机身结构，机身蒙皮上任何光滑的凹痕，如果没有裂纹、磨损和尖角，没有应力褶皱，也不会干扰任何内部结构或机构，则可视为可忽略损伤。

---

① 1 mil=25.4 μm。

在低应力强度区域，如果损伤区域在修整或钻止裂孔后可以用一个 2 in 以下的圆圈包围，并且这个圆圈距离最近的铆钉或材料边缘大于该圆圈直径，则裂纹、深划痕或深而尖的凹痕视为可忽略损伤。

注意：主起落架隔框区蒙皮上的皱褶，即使在上述范围内也不能认为是可忽略损伤。必须打开蒙皮彻底检查起落架隔框下部及其连接结构。

超过可忽略损伤的机身结构损伤，为可修复损伤，需要按照结构修理进行修理。对于钢材制造的零件和结构上的锻件和铸件，在 AMM 中要求，如损伤必须更换（包含座椅滑轨），这类零件损伤称为可更换损伤。

对于机翼结构，不同位置的损伤标准不一样。机翼前缘深度没有超过 0.030 in 的平滑凹痕和范围没有超过直径 1.5 in 的圆形凹痕，且无磨损、裂纹或蒙皮穿孔，无应力褶皱，不影响内部结构，视为可忽略损伤。副翼和襟翼上深度没有超过 0.050 in 的平滑凹痕和范围没有超过直径 1.5 in 的圆形凹痕，无蒙皮磨损、裂纹或穿孔，视为可忽略损伤。对于复合材料整流罩，深度没有超过 0.090 in 的平滑凹痕和范围没有超过直径 3.0 in 的圆形凹痕，视为可忽略损伤。

2. 赛斯纳 172 飞机机身结构常见损伤

1）防火墙变形和裂纹

赛斯纳 172 飞机在发生重着陆、螺旋桨打地等事件后，下部防火墙常会发生变形，如图 2.10 所示。

图 2.10　防火墙变形

赛斯纳 172 飞机防火墙另一个常见故障为整流罩安装支架铆钉孔位置的裂纹，如图 2.11 所示。在 AMM 第 5 章第 5-14-09 节提供了防火墙的补充检查程序，要求对防火墙整流罩安装支架、发动机架安装座附近区域进行详细检查。

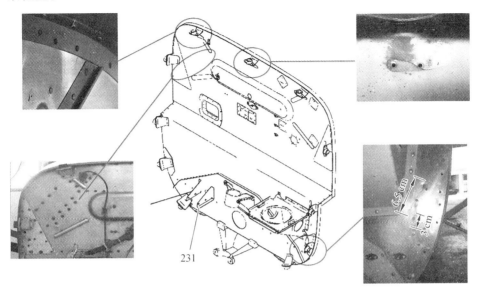

图 2.11 防火墙常见裂纹

2）FS108 机身隔框裂纹

赛斯纳 172 飞机 FS108 机身隔框位于飞机尾椎部分，是行李舱后第一个隔框。常见的故障为隔框右下角工艺孔位置裂纹，如图 2.12 所示。因该隔框附近安装了装饰板、操纵钢索和滑轮、电子设备等，比较难检查。在 AMM 第 5 章第 5-14-23 节提供了 FS108 机身隔框的补充检查程序，要求对隔框进行详细检查。该处隔框是普通隔框，由板材弯制而成，其作用是维持机身外形，支持机身桁条和蒙皮，主要承受局部空气动力，应力水平较低。

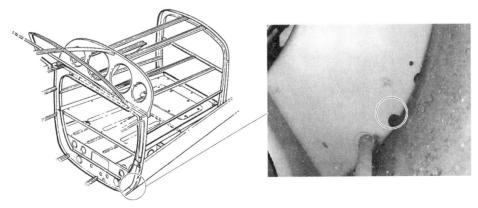

图 2.12 FS108 隔框裂纹

3）刹车油缸支架固定腹板裂纹

赛斯纳 172 飞机使用至 6000 飞行小时以上，会出现刹车油缸支架固定腹板裂纹，如图 2.13 所示。该腹板前部边缘与防火墙铆接、后部边缘与机身隔框铆接，上部铆接的支架用于支撑刹车油缸，该腹板出现裂纹后将快速扩展，严重的将导致刹车系统失效。

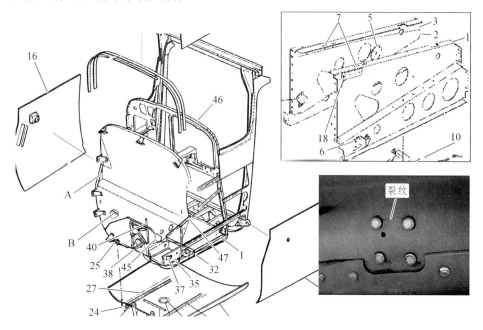

图 2.13　刹车油缸支架固定腹板裂纹

4）机翼后缘蒙皮裂纹

赛斯纳 172 飞机机翼后缘裂纹的位置位于襟翼安装区域，产生的原因可能为襟翼前部与机翼后缘之间的安装预留间隙过小，导致襟翼在完全收上位后，对机翼后缘产生作用力，重复作用后，从铆钉孔位置出现裂纹，如图 2.14 所示。

5）襟翼滑轨磨损

赛斯纳 172 飞机襟翼滑轨用来支撑襟翼并保持襟翼移动方向，滑轨与襟翼上的结构为纯机械连接，因此其磨损不可避免，如图 2.15 所示。AMM 手册要求襟翼滑轨开缝处宽度应为（0.5735±0.03）in，襟翼滑轨厚度方向的磨损，不超过总厚度的 10%。磨损后的主要现象为襟翼放下或收上时异响，严重的可能造成襟翼卡阻。在 AMM 第 5 章第 5-14-20 节提供了襟翼滑轨的补充检查程序。

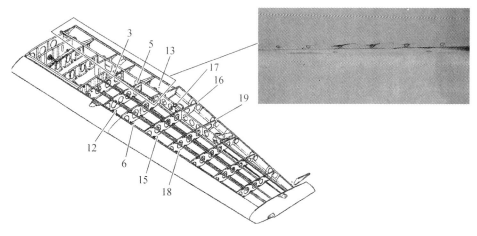

图 2.14　机翼后缘蒙皮裂纹

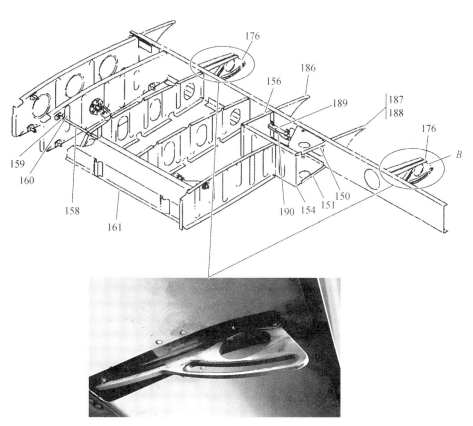

图 2.15　襟翼滑轨磨损

第 3 章
飞行操纵系统

飞行操纵系统是供驾驶员对飞机起飞、爬升、巡航、着陆和滑行实现操纵的一整套设备，以实现飞机绕横轴、立轴和纵轴旋转，改变飞机的飞行状态，并且提供起飞、着陆的增升、增阻能力，改善飞机的操纵性能。飞行操纵分为横滚操纵（roll）、偏航操纵（yaw）、俯仰操纵（pitch）、空中减速/地面减速、减升/增升操纵。赛斯纳 172 飞机飞行操纵系统相对简单，仅包含提供侧滚操纵的副翼、偏航操纵的方向舵、俯仰操纵的升降舵、增升操纵的襟翼以及升降舵和方向舵上实现微调的调整片，如图 3.1 所示。

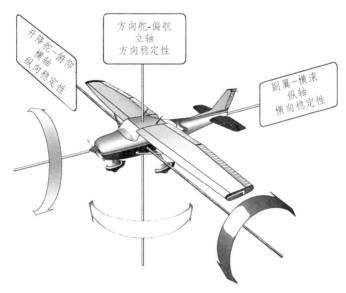

图 3.1　赛斯纳 172 飞机飞行操纵系统

赛斯纳 172 飞行操纵系统由操纵机构、传动机构和舵面组成，是典型的软式、纯机械操纵系统。软式操纵系统具有构造简单、重量轻、铺设线路灵活，比较容易绕过机内设备和装置的优点。但软式操纵系统容易受系统摩擦、钢索弹性变形等不利因素的影响，系统瞬态跟随性差，尤其是长跨度的"钢索弹性间隙"易产生更大的操纵延迟。相对硬式操纵系统回路可形成备份，软式操纵系统操纵回路中任意一点断开，整个操纵系统将失效。因赛斯纳 172 飞机飞行速度慢，舵面上的负载也相对较小，其操纵系统无助力机构。

赛斯纳 172 飞行操纵系统的操纵机构包含了手操纵机构和脚操纵机构。手操纵机构通过驾驶员手施加在操纵杆上的力，实现对副翼和升降舵的操纵。脚操纵机构通过驾驶员脚施加在脚蹬上的力，实现对方向舵、主机轮刹车、前轮转弯的操纵。传动机构将驾驶员的操纵力传递至舵面。赛斯纳 172 飞行操纵系统的传动机构包含了操纵钢索、导向/转向滑轮和接头等，钢索实现操纵力的传递，滑轮保持钢索方向或实现钢索方向的改变。

3.1 操纵舵面和安定面

赛斯纳 172 飞机主操纵舵面包含了副翼、升降舵、方向舵，升降舵、方向舵安装在安定面上，垂直安定面和方向舵组成垂直尾翼，水平安定面和升降舵组成水平尾翼，在实现纵向稳定和方向稳定的同时，可进行俯仰和偏航操纵。

3.1.1 副 翼

赛斯纳 172 飞机副翼操纵系统如图 3.2 所示。赛斯纳 172 飞机使用了差动副翼，即当驾驶杆操纵时，向上偏转的副翼偏转角大于向下偏转的偏转角，如图 3.3 所示。差动副翼可以使左右两边副翼偏转产生的空气阻力相等，避免飞机的偏航。赛斯纳 172 飞机副翼由翼梁、翼肋和蒙皮铆接而成，为了既具有足够的强度和刚度，同时又达到减轻结构重量的目的，在制造时采用模压工艺使蒙皮形成波纹且冷作硬化。由于副翼采用薄壁金属蒙皮结构，形状窄而长，为避免气流扰动出现副翼颤振，设计时在副翼翼梁下部前缘安装了配重，以使副翼重心尽量靠近转轴。每个副翼由 3 个铰链与机翼后缘相连，在 AMM 第 5 章第 5-14-19 节提供了副翼支撑结构的补充检查程序，关于铰链的检查详见该程序。

副翼如损伤，可按照 SRM 进行修理。由于副翼的平衡将影响飞行员的操纵，副翼修理后必须按照 SRM 第 51-60-00 章节进行操纵面平衡校准。副翼拆卸后，一定要按照 AMM 第六章中给出的数据进行安装，副翼最大向上偏转角度为 20°±1°，最大向下偏转角度 15°±1°。

特别注意：副翼完成安装后，一定要进行操纵检查，转动驾驶盘确认副翼转动方向与驾驶盘操纵方向一致。操纵钢索的错误连接，会导致副翼操纵方向与正常方向相反，如未及时纠正，将导致严重的事故。

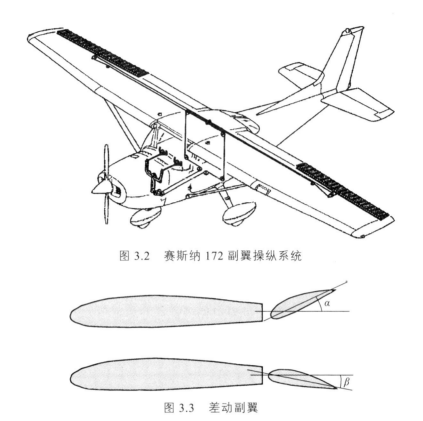

图 3.2　赛斯纳 172 副翼操纵系统

图 3.3　差动副翼

3.1.2　水平安定面和升降舵

赛斯纳 172 飞机水平安定面由前后翼梁、翼肋、加强板和蒙皮组成，水平安定面通过螺栓与尾椎结构相连。

升降舵由成形前缘蒙皮、一根前翼梁、翼肋、扭力管与曲柄、上部和下部波纹状蒙皮组成。升降舵分为左右两块，通过扭力管中间的螺栓连接在一起。升降舵末端前缘伸出部分带有平衡配重（见图 3.4），并设计了气动补偿区，用于平衡操纵力。升降舵的转动由驾驶舱驾驶杆的前后运动来实现，操纵力通过传动杆和钢索，到达双臂曲柄，驱动升降舵偏转。双臂曲柄、钢索、驾驶杆形成操纵回路，双臂曲柄与尾椎结构上的止动螺钉配合，对升降舵上下偏转角度极限限位。

在赛斯纳 172 飞机右升降舵上，安装有升降舵配平片，如图 3.5 所示。由于赛斯纳 172 飞机为单发螺旋桨固定翼飞机，螺旋桨旋转将对机身产生一个反作用扭矩，同时螺旋桨旋转产生的气流也将使左右机翼的升力有差异，对机身产生一个扭矩。通过对升降舵配平片的调节，可对机身施加一个反向的扭矩，实现力的平衡。升降舵配平片使用驾驶舱中央操纵台下部的配平控制轮来控制。旋转配平控制轮，操纵钢索通过链条驱动配平作动筒，配平作动筒内部杆的伸长和缩短操纵升降舵配平片。

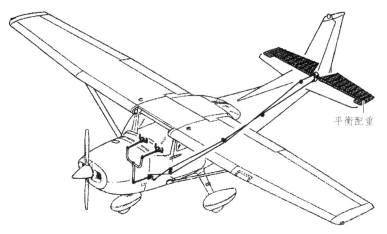

图 3.4　赛斯纳 172 升降舵操纵系统

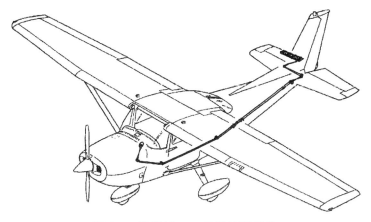

图 3.5　赛斯纳 172 升降舵配平片

配平作动筒动作后，将出现磨损，应定期检查尾端轴承内径和杆的外径。相关检查要求和程序见 AMM 第 27 章。赛斯纳 172 飞机升降舵和升降舵配平片拆装后，应进行位置校准，以避免舵面偏转超出极限，造成结构碰撞损伤。升降舵最大向上偏转角为（相对于安定面）（ 28_{-0}^{+1} ）°，最大向下偏转角为（相对于安定面）（ 23_{-0}^{+1} ）°。升降舵配平片最大向上偏转角为（ 22_{-0}^{+1} ）°，最大向下偏转角为（ 19_{-0}^{+1} ）°。

在赛斯纳 172 飞机驾驶杆上，设置有舵面锁定装置，用于飞机停放时锁定副翼和升降舵，防止风吹动舵面损坏舵面操纵系统。该锁由定形的钢制锁杆和旗标组成，如图 3.6 所示。旗标用于标识控制锁，提醒在发动机起动前移开该控制锁。安装控制锁时，将驾驶员操纵盘轴上的孔与仪表板上轴环上的孔对准，并将锁杆插入已对准的孔内。锁定装置插入后，将副翼固定在中立位置，升降舵固定在后缘稍微向下的位置。舵面锁定装置安装正确时，旗标正好盖住点火电门，防止未取下舵面锁定装置就起动发动机。

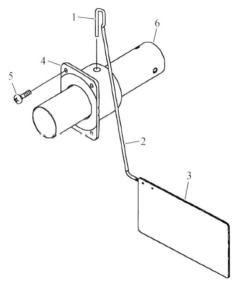

1—舵面锁组件；2—钢制锁杆；3—旗标；4—轴环；5—螺钉；6—驾驶员操纵盘轴。

图 3.6　舵面锁定装置

3.1.3　垂直安定面和方向舵

垂直安定面由一根翼梁、翼肋、加强板和蒙皮铆接而成，通过螺栓与尾椎结构相连。方向舵是由成形前缘蒙皮、装有铰链支架和肋的翼梁、一根中央翼梁、蒙皮以及位于后缘底部可在地面调整的配平片组成。方向舵的顶部前缘延伸部分装有配重。赛斯纳 172 飞机方向舵拆装后，应进行位置校准，以避免舵面偏转超出极限，造成结构碰撞损伤。平行于水线进行测量方向舵最大偏转角度向右 $16°10' \pm 1°$、向左 $16°10' \pm 1°$，垂直于轴线进行测量方向舵最大偏转角度向右 $17°44' \pm 1°$、向左 $17°44' \pm 1°$。

赛斯纳 172 飞机方向舵由驾驶舱内的脚蹬操纵，左右脚蹬分别向前推动，实现方向舵舵面的偏转，如图 3.7 所示。脚蹬扭力管实现左、右座操纵的联动，脚蹬扭力管分别安装了左右脚蹬回位弹簧，当脚蹬上施加的操作力消失时，方向舵自动回到中立位。左右脚蹬回位弹簧拆装时,应对弹簧表面进行保护,避免拆装夹持造成表面损伤,弹簧表面损伤将使弹簧在使用中快速疲劳断裂。

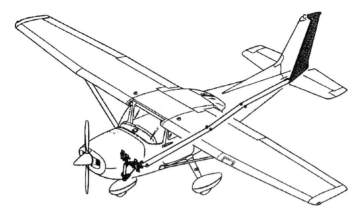

图 3.7　方向舵操纵系统

3.1.4　襟　翼

赛斯纳 172 飞机左右机翼内侧后缘各有一块开缝襟翼,通过位于驾驶舱仪表板上的襟翼电门手柄(见图 3.8)将其放下或收上至需要的偏转角度。襟翼由电机和蜗杆驱动,操纵系统包含襟翼电门、一个电机和蜗杆机构、驱动滑轮、推拉杆、钢索和襟翼,如图 3.9 所示。赛斯纳 172 飞机襟翼电门有 0°、10°、20°和 30°四个位置,在 10°、20°和

图 3.8　襟翼操纵电门

30°的位置有机械卡位。如要改变襟翼设定,需将襟翼手柄移到右侧,以越过机械卡位。襟翼电门左边的刻度和移动指针以度数指示襟翼的位置。襟翼系统的电路由一个 10 A 的断路器提供保护,该断路器标记为 FLAP,位于控制面板的左侧。赛斯纳 172 襟翼操纵系统安装有一套襟翼随动和指示装置,由钢索护罩组件、指示器和微动开关组成。钢索的一端连接在襟翼操纵电门的操纵臂上,另一端卡在襟翼钢索上,襟翼钢索的运动通过随动机构传递到指示器。襟翼收放时,指示器将相应移动,当闭合的收上/放下电门随着凸轮转动断开,襟翼电机断电,襟翼停在选择位。

随动机构

图 3.9 襟翼操纵系统

赛斯纳 172 飞机襟翼由位于右机翼内部的襟翼电机提供动力，驾驶舱的襟翼电门操纵到位后，蜗杆机构将电机的转动转换为直线运动驱动扇形驱动轮转动，右侧襟翼由右侧扇形驱动轮上的推拉杆直接驱动，如图 3.10 所示。

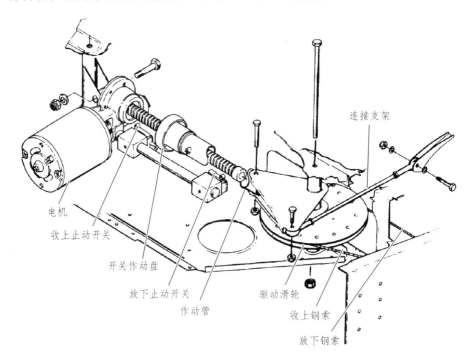

连接支架

电机

收上止动开关

开关作动盘

放下止动开关

作动管

驱动滑轮

收上钢索

放下钢索

图 3.10 襟翼电机示意图

连接在右扇形驱动轮上钢索将襟翼电机的驱动力传递到左扇形驱动轮，连接在左侧扇形驱动轮上的推拉杆驱动左侧襟翼运动，如图 3.11 所示。按照 AMM 手册第 12 章的要求，襟翼电机蜗杆机构螺纹应当每 100 h 进行润滑，润滑时应将襟翼置于完全放下位置，先使用浸有清洁溶剂的抹布进行清洁，再用压缩空气吹干，最后涂抹润滑脂。扇形驱动滑轮里面的滚针轴承，每次拆装分解后，必须进行润滑。

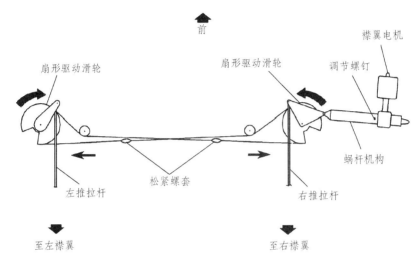

图 3.11　襟翼操纵原理

在进行襟翼拆装和调校时，应特别注意襟翼机械止动位和蜗杆机构电子止动位的设定。正常情况下，襟翼操纵上极限和下极限由蜗杆机构的电子止动开关关断，当开关作动盘移动到上极限位触动上止动开关时，止动开关断开电机电路，电机停转，襟翼停止运动，下极限位也是如此，如图 3.12 所示。但如果襟翼调校不正确，开关作动盘还未触动上止动开关，襟翼运动就已到达收上机械止动位，这时襟翼电机仍然向上极限运转，对右侧驱动滑轮施加过多负载或者通过钢索对左侧驱动滑轮施加过多负载。当电机负载过大，电机的过载保护开关动作，也会切断电路，电机停转，襟翼停止运动，但这种状态是不正常的，会导致机翼结构、钢索等承受过大负载，造成驱动滑轮附近机翼结构变形或者襟翼钢索疲劳断裂。因此，襟翼拆装和调校时，一定要确认蜗杆机构电子止动位先于机械止动位，比较好的一个检查方法是将襟翼收上或放下至极限位，用手晃动襟翼仍能感受到有间隙，即表明安装是正确的。

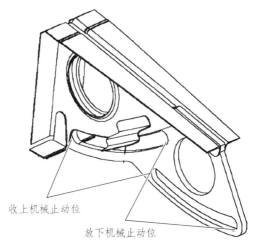

收上机械止动位

放下机械止动位

图 3.12　襟翼滑轨示意图

3.2　操纵钢索

　　赛斯纳 172 飞机因舵面上的空气动力小、对操纵灵敏性的要求不太高的特点，采用了软式操纵系统。钢索作为软式操纵系统中的主要零件，由于只能承受拉力不能承受压力，所以必须构成回路，以保证舵面能向两个相反的方向偏转，因此回路中任一钢索的断裂均会造成操纵系统失效，严重危及飞机安全。钢索具有弹性，承受拉力时容易伸长。这样当飞行员操纵舵面时，舵面的偏转会落后于驾驶杆或脚蹬的动作，就像操纵系统有了间隙一样，这称为软式操纵系统的"弹性间隙"。为了减小弹性间隙，软式操纵系统中的钢索都需要预先拉紧，即在未操纵舵面时钢索已具有一定的预加张力。操纵系统中钢索的预加张力由飞机的设计、制造厂家给定，如果钢索的预加张力不足，不仅会使"弹性间隙"过大，而且钢索松弛时，它将与钢索附近的结构碰磨。但是，钢索的预加张力也不能太大，因为预加张力太大，钢索就要经常承受过大的载荷，容易疲劳断丝。而且张力过大，钢索对滑轮的径向压力很大，滑轮转动时的摩擦力也很大，也容易造成钢索磨损。此外，过大的钢索预加张力，还将造成安装钢索的滑轮、扇形轮的结构变形。

　　气温变化时，钢索的预加张力会随着变化。赛斯纳 172 飞机机身材料为硬铝，它的线膨胀系数比钢索大（20℃硬铝线膨胀系数为 23.5×10^{-6}/℃，碳钢线膨胀系数为 10.6×10^{-6}/℃，不锈钢的线膨胀系数大约在 16.5×10^{-6}/℃）。当温度变化时，它们的伸缩程度不同，钢索的预加张力也随之变化。例如，当飞机飞到高空时，大气温度显著降低，机体比钢索收缩得多，钢索就变松；当降落地面温度由冷转热时，钢索就变紧。因此，维护中钢索的预加张力应严格按照规定调整，既不能太松也不能太紧。一个比较好的经验是，安装新钢索时，初始张力使用"钢索张力-温度图"中该环境温度下张力范围的上限值。后续调整时，使用"钢索张力-温度图"推荐的中间值。同时，按照 AMM 的要求，定期完成钢索张力测量和调整。赛斯纳 172 飞机"钢索张力-温度图"详见 AMM 手册第 27 章。

赛斯纳 172 飞机厂家可提供两种材质的钢索，分别为碳钢和不锈钢，由飞机用户根据实际需求选装。碳钢钢索成本低廉，张力和强度适中，抗疲劳性能好，但是容易生锈和腐蚀，需要定期润滑。不锈钢钢索张力和强度都要比碳钢好，维护简单且不用润滑，但是使用成本较高。赛斯纳 172 飞机上主操纵系统标配钢索为 7×19 特柔性不锈钢钢索，该钢索由 7 股组成，每股 19 根钢丝，钢索直径为 1/8 ~ 3/8 in。襟翼操纵系统标配钢索为 7×19 特柔性不锈钢钢索，升降舵调整片操纵系统标配钢索为 7×7 特柔性不锈钢钢索（钢索直径 1/16 ~ 3/32 in）。由于赛斯纳 172 飞机操纵系统中大量钢索都有较长的悬空段，在发动机、气流等振动的扰动下，悬空段钢索在运行中不断振动，钢索通过滑轮、隔框的位置，断丝情况经常出现。常见的钢索断丝位置如图 3.13 ~ 图 3.15 所示。

赛斯纳 172 飞机操纵钢索常见故障的形貌如下。钢索平面磨损（见图 3.16）是钢索安装时未能远离隔框等飞机结构，飞机运行中钢索与飞机结构等来回摩擦，造成磨损。钢索单个 V 形凹痕（见图 3.17）是钢索在使用中高频振动，敲击附近的物体造成。钢索多个 V 形凹痕（见图 3.18）和单个 V 形凹痕类似，但此钢索做过重新安装或调校，导致磨损位置的移动。钢索鸟笼状缺陷（见图 3.19）是钢索生产就带有的缺陷，或者在制造、安装过程中，钢索受到较大的弯折，这种缺陷的钢索应及时更换。

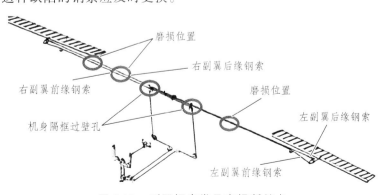

图 3.13　副翼钢索常见磨损断丝点

右侧方向舵
钢索磨损位置

图 3.14　方向舵钢索常见磨损断丝点

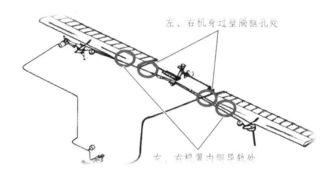

左、右机身过壁隔框孔处

左、右机翼内侧导轨处

图 3.15　襟翼钢索常见磨损断丝点

图 3.16　钢索平面磨损

图 3.17　钢索单个 V 形凹痕

图 3.18　钢索多个 V 形凹痕

图 3.19　钢索鸟笼状缺陷

　　AMM 提供了钢索的检查方法，用抹布捏着钢索沿着钢索拉动，如果在钢索上挂有抹布线，则挂有抹布线处就为损伤。这种方法无法发现平面磨损和内部腐蚀的钢索，最好的检查方法是将钢索完全从飞机机体中拉出，逐段检查钢索状况，对怀疑有问题的位置，应将钢索弯曲成环状（见图 3.20），以发现钢索内部的损伤。弯曲钢索时，最小弯曲直径不得小于钢索外径的 50 倍，否则将造成钢索内部损伤。AMM 提供的钢索损伤标准为钢索任意一段 10 in 区域内断丝不得超过 3 根。

　　注意：1. 磨损断丝的钢索，断头非常锋利，用抹布检查钢索，一定要戴防刺手套。

　　2. 部分钢索内部缠绕了带颜色的丝，这是允许的，由钢索制造厂家在制造时加入的，作用是避免钢索内部磨损和标识制造厂家。

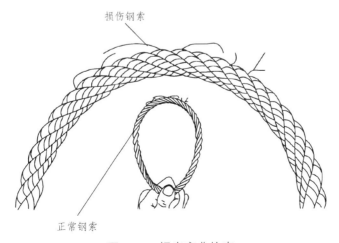

损伤钢索

正常钢索

图 3.20　钢索弯曲检查

赛斯纳 172 飞机操纵钢索的正常使用还应关注钢索滑轮。滑轮是与钢索接触最多的飞机零件，滑轮上的痕迹可直接判断钢索故障原因，图 3.21 给出了常见的滑轮磨损痕迹和故障可能原因。如发现滑轮故障，应及时更换新滑轮。

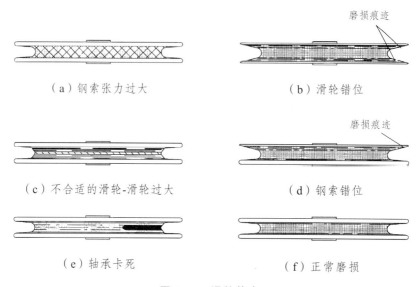

（a）钢索张力过大　　　　　　　　　（b）滑轮错位

（c）不合适的滑轮-滑轮过大　　　　　（d）钢索错位

（e）轴承卡死　　　　　　　　　　　（f）正常磨损

图 3.21　滑轮状态

3.3　自动驾驶

赛斯纳 172 飞机上装有一套具有航向保持功能的单轴自动驾驶仪，以满足仪表飞行规则要求。单轴自动驾驶仪仅控制飞机的横滚，使用方位陀螺的输入信号实现航向保持功能，根据需要可使用 VOR、GPS 或定位信标输入信号。赛斯纳 172 飞机可选装双轴自动驾驶仪，双轴自动驾驶仪控制飞机俯仰和横滚，可提供垂直速度和高度控制。赛斯纳 172 可选装的双轴自动驾驶仪包含霍尼韦尔公司生产的 KAP140 自动驾驶系统和佳明公司生产的 GFC700 自动驾驶系统。

GFC700 是一个双轴、双通道全数字式自动飞行控制系统，它可以与赛斯纳 172 飞机的佳明 G1000 综合航电完全融合。GFC700 有三个主要操作功能：飞行指引、自动驾驶和手动电动配平。飞行指引仪是系统的计算机控制中心，它通过命令栏提供俯仰和横滚引导，还提供俯仰和横滚模式的选择和处理以及自动驾驶仪的通信。

3.4 操纵系统常见故障

3.4.1 操纵钢索断裂

赛斯纳 172 飞机操纵钢索除磨损造成钢索断裂外，不正确的操纵系统维护也会造成钢索断裂。赛斯纳 172 飞机最典型钢索断裂案例是升降舵操纵钢索接头与航空器运转部件润滑不良，接头螺杆生锈卡阻，无法转动，多次操纵后钢索疲劳断裂。如图 3.22 所示，升降舵操纵钢索通过球形接头与 U 形夹连接，U 形夹通过螺栓与双臂摇臂连接。正常情况下，U 形夹应当绕螺栓转动，钢索与 U 形夹轴线在一条直线上。由于赛斯纳 172 飞机升降舵双臂摇臂裸露，正常运行中不可避免地会沉积雨水、灰尘等杂物，如未及时清洁和补充润滑油，U 形夹与双臂摇臂连接螺栓处将锈蚀，造成 U 形夹不能自由活动，升降舵运转时钢索的运动方向与 U 形夹轴线存在一定的夹角，多次操纵弯折后将疲劳断裂。赛斯纳 172 飞机方向舵也存在类似设计，也应当关注 U 形夹腐蚀问题。

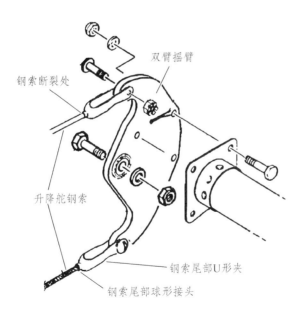

图 3.22　升降舵尾部钢索连接示意图

3.4.2 升降舵调整片作动筒故障

赛斯纳 172 飞机升降舵调整片由升降舵调整片作动筒(见图 3.23)驱动，

由于作动筒壳体内有密封胶圈，蜗杆插入壳体后，对蜗杆裸露的螺纹和杆进行清洁、润滑并不能消除壳体内部的异常状况。该作动筒在运行中裸露在飞机外部，不可避免地会沉积水分和灰尘。当水分进入壳体内部未及时清除时，蜗杆和壳体内部将产生腐蚀，导致蜗杆在壳体内卡死。当操纵升降舵调整片时，蜗杆无法实现直线伸出和缩回，而是随着壳体内零件转动，造成外部连接的操纵零件损坏。

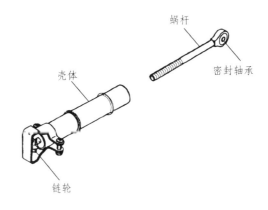

图 3.23　升降舵调整片作动筒

3.4.3　方向舵脚蹬扭力管裂纹

由于方向舵脚蹬扭力管频繁地被飞行员操纵，在使用一时间后，其上的安装孔会沿扭力管轴线 45°方向产生裂纹，如图 3.24 所示。AMM 手册第 5-14-00 章节提供了方向舵脚蹬扭力管补充检查要求，详细维修程序见该文件。

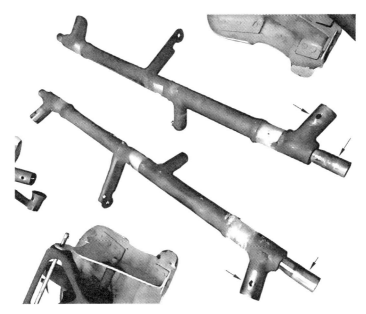

图 3.24　脚蹬扭力管安装孔裂纹

第 4 章
起落架系统

起落架是飞机上最重要的部件之一，用于承担飞机在地面停放、滑行、起飞（着陆）滑跑时的重力并消耗、吸收飞机着陆时的冲击能量，在起飞（着陆）滑跑时还提供制动和必要的转向。赛斯纳 172 飞机使用了典型的前三点式、不可收放起落架，前起落架为油气减振式，主起落架为弹簧管式。相对后三点式起落架，前三点式起落架方向稳定性好，着陆时两主轮接地容易操纵，可大力使用刹车制动，缩短滑跑距离。相对可收放式起落架，不可收放式起落架构造简单、可靠性高，但会增加飞行中的空气阻力。

4.1 前起落架

赛斯纳172飞机前起落架为油气减振式起落架，包含了油气式减振支柱、轮叉、轮胎、防扭臂、转向机构、减摆器和轮胎等部件（见图 4.1），金属构件由 4130 合金钢和 7570-T73 铝合金锻件制造。

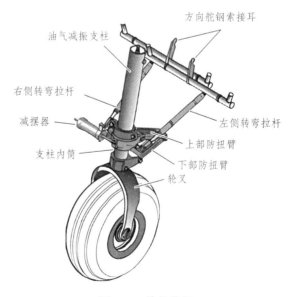

图 4.1 前起落架

4.1.1　油气减振支柱

油气减振支柱由支柱外筒、支柱内筒（含轮叉）、计量销、充气嘴等零件组成，轮叉和支柱内筒过盈装配，分解轮叉需要特殊工具。油气减振式起落架工作原理如图 4.2 所示，其工作状态包含伸长行程和压缩行程。油气减振支柱的内筒、外筒和密封件形成一个密封空腔，空腔内注入一定量的液压油，并充入一定压力的干燥惰性气体（赛斯纳 172 飞机充入氮气）。

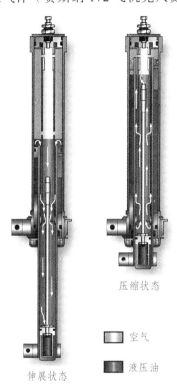

压缩状态

■ 空气
■ 液压油

伸展状态

图 4.2　油气减振式起落架原理

当飞机着陆时，飞机重心向下移动，压缩油气减振支柱，支柱内筒向上运动，压缩密封腔室上部高压氮气吸收冲击能量。同时，密封腔室下部的液压油通过计量销和销孔之间的间隙，进入密封腔室上部，计量销与销孔之间设定的间隙控制压缩行程中从下腔到上腔的油液流动速率，以控制飞机向下的移动速度。液压油流动过程中吸收冲击能量发热，热量通过支柱外筒壁散发出去。当支柱压缩至极限时，支柱内筒计量销顶端与外筒内部的密封件密封，液压油无法再向上流动，支柱内筒压缩停止，避免内筒结构与外筒结构之间撞击。

当飞机着陆完成，冲击力消失，支柱上部的压缩氮气压力推动支柱内筒伸长，液压油通过计量销和销孔之间的间隙流入密封腔室下部，计量销和销孔之间的间隙限制液压油流动速率，避免支柱内筒快速伸长造成的飞机弹跳。

在滑行和滑跑中，支柱内部的高压气体保持支柱的伸长状态，压缩气体、液压油和轮胎共同消除滑行和滑跑中的颠簸。

由油气减振式起落架工作原理可知，油气减振式起落架在使用中应保持液压油油量充足、内部高压气体压力充足。高压气体不足，将导致压缩行程阻尼不足，支柱快速压缩至极限，使较大的冲击力通过支柱传递至机身结构，造成机身结构的损伤。液压油不足可能造成支柱内部金属零件之间的撞击，造成支柱内零件的损坏。AMM 手册要求定期（每 100 h）对前起落架油气减振支柱进行维护，视情添加液压油（MIL-PRF-5606 标准），并对支柱补充高压氮气至 45 psi①。此外，油气减振式起落架常见的另一项工作是支柱内部排气，在支柱重新加注或添加液压油后，液压油和支柱腔体间可能会存在气体，造成液压油量检查正常但实际油量不足。这时需用千斤顶定期起落架，将支柱重复伸长和压缩几次，排除夹在其中的气体。

注意：1. 油气减振式起落架内部有高压气体，在进行分解前一定要先释放气体压力，避免人员伤害。

2. MIL-PRF-5606 标准液压油内添加了对人体有害的添加剂，会对皮肤毛囊造成损伤。进行液压油加注工作，一定要佩戴防护手套。如液压油沾到皮肤，应立即用清水清洗。对液压油吞咽、入眼、大量溢出等情况的处置，详见该产品安全数据表（Safety Data Sheet，SDS）文件。

4.1.2　防扭臂

赛斯纳 172 飞机前起落架防扭臂分为上部防扭臂和下部防扭臂，上部防扭臂与转弯操纵机构相连，下防扭臂与油气减振支柱内筒相连，上下部防扭臂用螺栓铰接，如图 4.3 所示。该防扭臂实现三个功能：

（1）连接支柱内筒和外筒，限制油气减振支柱的极限伸长量，避免过度伸长造成的结构损坏。

（2）与转弯操纵机构配合，实现前轮的转弯。

（3）在空中飞机前起落架支柱完全伸出后，防扭臂止动凸块与支柱外筒上止动平面配合，实现空中前起落架定中，限制前轮摆动。

---

① 1 psi=6 894.76 Pa。

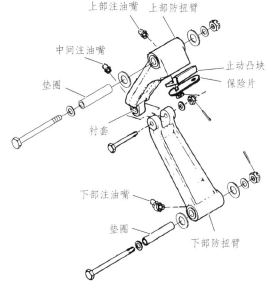

图 4.3 防扭臂

防扭臂 3 个铰接点都设置了润滑脂的注油嘴，应每 50 h 对防扭臂进行润滑，润滑时注油枪加注润滑脂后，一定要从铰接位置两端挤出新的润滑脂。如无法挤出新润滑脂，则应当拆下注油嘴或整个防扭臂，清洁堵塞位置，重新注油。飞机运行中，防扭臂裸露在外，润滑不良将导致铰链螺杆锈蚀卡阻。

注意：防扭臂限制油气减振支柱的极限伸长量，拆卸防扭臂前一定要确认油气减振支柱内压力完全释放。

4.1.3　减摆器

减摆器用于防止飞机在地面运动时前轮出现摆振现象。由于飞机前轮可以左右偏转，加之金属结构起落架为弹性体，如果飞机在直线滑跑中遇到干扰，使前轮偏离原来的运动方向，则前起落架在地面摩擦力和自身弹性力的交替作用下，可能产生以原来运动方向为轴线的左右偏摆振荡现象。如果飞机滑跑速度较小，这种振荡可自行收敛，不会导致严重后果。但如果飞机速度增大到一定值时，这种振荡呈发散趋势，振幅将越来越大，导致滑跑方向难以控制，驾驶舱仪表读数看不清楚，严重时可造成起落架结构损坏危及飞行安全。

赛斯纳 172 飞机提供两种类型的减摆器，活塞式减摆器和橡胶减摆器。活塞式减摆器的构造类似于一个液压作动筒（见图 4.4），所不同的是在减摆器活塞上钻有若干小孔，缸筒内充满了液压油。当前轮左右偏转时，减振支柱外筒通过一个连杆迫使减摆器活塞杆左右移动，即减摆器的活塞在缸筒内左右移动。因为活塞上开有小孔，所以活塞左右移动必然迫使油液来回流过小孔，产生液体阻尼。操纵前轮转弯时，因为前轮偏转速度较慢，活塞移动速度也较慢，油液流过小孔时产生的阻尼很小，不妨碍前轮转弯操纵。发生摆振时，因为前轮左右高频率振荡，活塞左右移动的速度很快，所以油液流过小孔时产生很大的摩擦阻尼，消除机轮的高速偏摆，同时因油液与小孔摩擦产生大量的热，并通过减摆器筒壁散失掉，从而有效地减弱或消除前轮摆振。橡胶减摆器是新型免维护减摆器，内部无液压油，它使用带有新型润滑剂的橡胶产生阻尼，消除前轮摆振作用与活塞式减摆器类似。

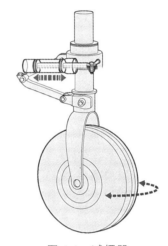

图 4.4　减摆器

4.1.4　前轮转向机构

前轮转向机构由方向舵脚蹬施加转向力，驱动转弯拉杆对前轮施加拉力，使前轮向需要的方向转弯。转弯拉杆的内部结构如图 4.5 所示。

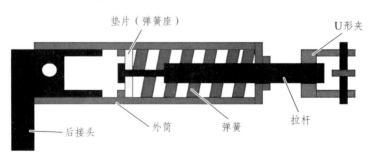

图 4.5　转弯拉杆内部结构

转弯拉杆有两种工作状态，空中工作状态和地面工作状态。当飞机起飞前轮离地后，前起落架支柱内筒伸长，机轮实现定中不能左右转动。飞行员操纵脚蹬时，内部拉杆通过弹簧挡片压缩弹簧，拉杆伸长，实现脚蹬机构的自由操纵。在空中，转弯拉杆相当于一个脚蹬机构辅助回位弹簧。当飞机降落、前起落架机轮触地后，前起落架支柱内筒压缩，前轮能够自由转动，飞行员操纵脚蹬时转弯拉杆向机轮传递操纵拉力，由于拉杆弹簧具有很大的预压缩力，弹簧还未压缩机轮已向需要的方向偏转，实现前轮转弯。在地面，转弯拉杆相当于一根定长度的拉杆。

注意：赛斯纳 172 飞机前轮转向结构与方向舵操纵系统是联动的，调整一个系统将影响多个系统的操纵。

4.2　主起落架

赛斯纳 172 飞机安装了两根弹簧管式主起落架，由主起落架弹簧管、脚蹬、轮轴、整流罩、刹车、机轮等组成（见图 4.6），它是承受飞机重力和着陆冲击力的主要部件。

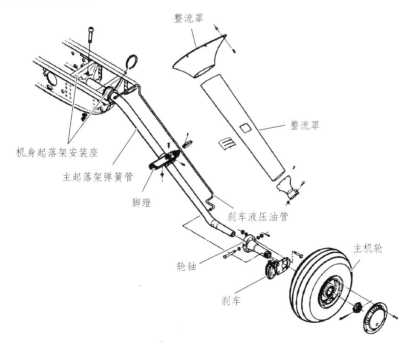

图 4.6　主起落架

主起落架弹簧管由 6150M 合金弹簧钢制造,为提升弹簧管的抗疲劳性能,其表面使用喷丸工艺增加了一层强化层。喷丸是将高速运动的弹丸连续不断地向零件表面喷射的过程,喷射的丸流如同无数小锤向零件表面锤击,可使零件表面产生塑性变形,形成表面强化层。主起落架弹簧管喷丸强化层厚度约 0.008 in,当表面磨损或腐蚀深度超过喷丸强化层厚度时,须报告赛斯纳厂家,获得厂家的维修建议。主起落架弹簧管表面腐蚀可用砂纸进行打磨和抛光,打磨时砂纸运动方向应沿着主起落架弹簧管轴线方向,打磨区域的直径和深度的比值为 10∶1。打磨后,应当对主起落架弹簧管表面重新进行喷漆。AMM 手册 5-14-03 章节提供了主起落架弹簧管腐蚀检查的补充要求,详细维修程序见该文件。

主起落架轮轴为 7075-T73 高强度铝合金锻件,轮轴一端与主起落架配合,另一端安装刹车片和机轮。日常运行中,轮轴容易被灰尘、水污染或被地面溅起的砂粒打伤,因此轮轴的腐蚀和损伤检查必须定期完成。AMM 手册第 5-14-05 章节提供了轮轴补充检查要求,对于轮轴表面腐蚀,可用砂纸进行打磨和抛光,但打磨后腐蚀区域深度不得超过 0.005 in。

主起落架弹簧管与机身起落架安装座使用一根螺杆固定,机身起落架安装座分为内安装座和外安装座,螺杆安装在内安装座上,外安装座与主起落架弹簧管之间使用特氟龙衬套消除间隙。因机身起落架安装座承受了主起落架弹簧管传递来的力,机身起落架安装座不允许存在任何裂纹。AMM 手册第 5-14-04 章节提供了机身起落架安装座的补充检查,详细维修程序见该文件。

4.3　刹　车

赛斯纳 172 飞机主起落架安装有单盘液压刹车系统,刹车系统由方向舵脚蹬、刹车油缸、液压管路、刹车片和刹车盘组成,如图 4.7 所示。刹车油缸为活塞式,在活塞杆和缸筒之间的密封腔内,注入了液压油。飞行员踩踏方向舵脚蹬,向下压缩活塞杆,将刹车油缸密封腔内的液压油通过液压管路泵入刹车片的制动单元,制动单元推动刹车片压紧刹车盘,实现刹车。两边主起落架同时刹车,使飞机减速和停止。一边主起落架刹车,可协调实现飞机转弯。

在赛斯纳 172 飞机座舱主驾驶员驾驶杆下方,安装有停留刹车装置,由拉拔式手柄和锁定装置组成,通过钢索连接到方向舵脚蹬组件上。停留刹车用于飞机停放于地面时,固定飞机用。向后拉刹车手柄使机械压力作用在方向舵脚蹬,压下刹车油缸活塞杆,刹车起作用,锁住手柄在规定位置。反方向旋转手柄90°，可释放停留刹车，方向舵脚蹬正常操作。

单盘液压刹车系统日常使用中应定期检查刹车油缸油量、管路渗漏、刹车盘和刹车片厚度。每100 h检查刹车油缸状况，视情添加液压和进行刹车系统排气。刹车片最小允许厚度为3/32 in，刹车盘的最小允许厚度为0.205 in。

注意：主起落架刹车系统安装后，正常情况下主机轮应带有少量的刹车阻力，作用是避免在飞行时气流使主机轮转动。

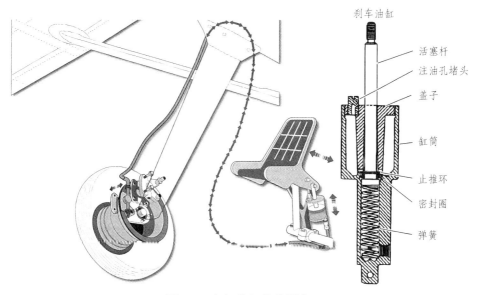

图4.7　主起落架机轮刹车

4.4　机　轮

机轮在飞机起飞和着陆过程中形成一个空气垫层，以帮助吸收着陆时的撞击能量和摩擦产生的热能，并产生必要的刹车结合力以便在着陆时使飞机停住，同时支撑飞机在地面滑行。机轮轮胎必须能够承受很大的静载荷和动载荷，简单地说轮胎的性能特点是负荷能力高、充气内压高、生热大、速度高、可连续滑行的距离短。赛斯纳172飞机使用的机轮由内半轮毂、外半轮毂、轴承、螺栓和轮胎组成，主轮轮胎还有刹车盘和刹车片等。轮胎和配套使用的轮毂是赛斯纳172飞机使用中容易忽视的零部件，虽然AMM手册提供了轮胎的日常维护要求，但这些内容对于飞机的日常维修是不够充分的，飞机维修人员还应当关注轮胎、轮毂制造厂家提供的部件维修手册（Component

Maintenance Manual，CMM），米其林/固特异轮胎、克利夫兰轮毂其企业网站均提供免费的 CMM 下载，因轮胎对航空器的安全运行影响最大，本节将详细介绍轮胎相关知识。

4.4.1　轮胎类型

轮胎根据有无内胎可分为有内胎式轮胎和无内胎式轮胎，其主要区别在于轮胎的内衬。无内胎式轮胎内有厚度大约 1/10 in 的内衬，作为容纳空气的容器。有内胎式轮胎则没有这样的内衬，但在光滑的轮胎内侧装有橡胶内胎，用来容纳空气。为了便于识别，在无内胎式轮胎的侧壁上印有"TUBELESS"（无内胎）字样。

按照轮胎结构，可分为斜交胎和子午胎，如图 4.8 所示。

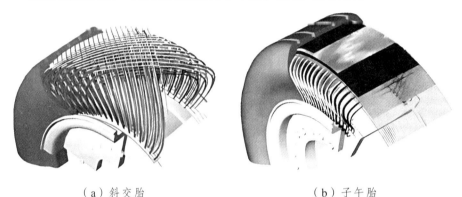

（a）斜交胎　　　　　　　　　　　　　（b）子午胎

图 4.8　轮胎结构

赛斯纳 172 飞机标配有内胎斜交轮胎，可选装无内胎轮胎，如选装无内胎轮胎，应将轮胎和轮毂同时更换。无内胎轮胎可减少内胎和外胎之间的摩擦，降低轮胎滚动时产生的热量，提高轮胎性能和使用寿命，但价格昂贵。

4.4.2　轮胎构造

轮胎是由三种基本材料构成的复合结构，如图 4.9 所示。这三种材料是：
（1）橡胶——胎面和胎侧壁使用物质。
（2）尼龙线——胎体帘布层。
（3）钢丝——高强度钢丝胎圈。
这些成分通过硫化黏结在一起。

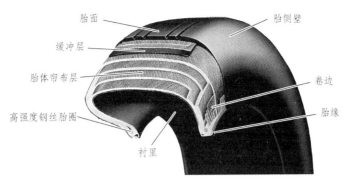

图 4.9　轮胎构造

1. 胎　面

胎面使用合成橡胶制造,有环状沟槽,承受飞机重量、与跑道间的摩擦、异物割伤和各种极端的环境温度。与汽车轮胎胎面由周向直沟与横向沟槽组成各式各样的花纹图案不同,飞机轮胎胎面只有一条条沿圆周方向延伸的直沟,没有横向沟槽。胎面花纹不是为了美观而设计的,而是根据性能要求来确定的。飞机的滑行与制动要求轮胎具备良好的防水滑功能,飞机轮胎为此仅设置了周向直沟。横向沟槽会显著缩短轮胎寿命,因此飞机轮胎没有横向沟槽。胎面上的沟槽必须要有足够的深度,以便使水能在轮胎下面通过,这样可以减少在潮湿的跑道上打滑。

2. 缓冲层

缓冲层是尼龙布加强的附加层,位于胎面花纹槽底部与加强帘布层上部之间,用来保护轮胎各层和加强胎面区域。

3. 帘布层

胎体帘布层由橡胶和纤维连线组成,缠绕在胎唇钢圈上,用来提高轮胎的强度。帘布层铺设的层数与轮胎的强度有关。

4. 侧　壁

轮胎侧壁是胎体侧壁帘线的主要保护层,它能防止帘线损坏和暴露,胎侧壁还可提高胎体强度。对于某些安装在前轮上的轮胎,其侧壁上会有导流器(见图4.10),它能使跑道上的水折向侧边,避免水泼溅到安装在后面的发动机上。

对于无内胎轮胎,在轮胎侧壁靠近胎缘区域会发现轮胎通气孔。轮胎通气孔的作用是为胎体内的空气提供排出的通道。胎体内的空气可以是生产加工后存在胎体帘线中的残留空气,也可以是通过内衬层正常渗漏到胎体内积聚的空气。若没有通气孔作为空气自由排出的通道,胎体内的空气会导致轮胎胎面胶或侧壁橡胶的松弛或隆起。通气孔是在生产加工过程中使用直径约为 1.5 mm 的锥子刺穿胎侧壁橡胶层形成的，并用绿色或灰色作为标记，如图 4.11 所示。

图 4.10　轮胎导流器

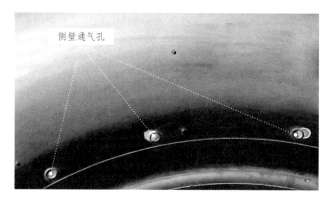

图 4.11　侧壁通气孔

此外，在轮胎侧壁还有红色标记点，表明此处为轮胎重量较轻的一边，安装时要对准气门嘴（内胎上或无内胎的轮毂上），或对准内胎的重点（黄色）标识处。

5. 胎　缘

胎缘包括钢丝圈和胎缘涂胶包边布。钢丝圈是轮胎的骨架，有高的抗拉强度和刚度，通过它把载荷传递给轮毂。胎缘涂胶包边布形成胎口断面形状，防磨并与轮毂的轮缘紧密贴合。无内胎轮胎的胎缘还有防止轮胎漏气功能。

6. 衬　里

无内胎轮胎内壁有用特殊丁基橡胶制成的衬里，有着很好的气密性。

4.4.3　轮胎标识

在轮胎侧壁上，制造厂家会标记用于识别目的的标识，该标识在轮胎制造过程中由模具在轮胎表面形成的。这些标识随着制造厂家的不同而不同，但通常包括零件号、尺寸标识、平衡标识、序号、有无内胎标识等。这些标识提供了轮胎的简单描述、设计性能、制造信息和适航认证。

1. 尺寸标识

一般用下列方法识别轮胎尺寸，如 26×10.00-18。

第一个数字"26"表示以英寸为单位的轮胎外径，第二个数字"10.00"表示以英寸为单位的轮胎宽度，第三位数字"18"表示以英寸为单位的轮缘直径。并不是所有轮胎都是用全部的三个尺寸，赛斯纳 172 飞机使用的某品牌轮胎仅标注出了轮缘直径和轮胎宽度，主机轮"6.00-6"、前机轮"5.00-5"。

2. 件号标识

件号是制造商标示这一类型轮胎的编码，通常由 P/N 和一串数字、字母组成，同一件号的轮胎可以互换。

3. 序号标识

序号是轮胎的唯一标识，用来表明轮胎生产的日期、月份、年份。序号标识通常印在轮胎侧壁，使用这个标识可以跟踪轮胎生产的详细信息。每个轮胎厂家序号的定义不一样，例如赛斯纳 172 飞机使用的米其林外胎，采用 10 位数字和字母进行序号标识，第 1 位数字表示胎体生产年份，第 2～4 位数字表示一年中的第几天生产，第 5 位字母表示工厂代码，第 6～10 位表示当日轮胎序号。赛斯纳 172 飞机使用的固特异轮胎使用 8 位数字，第 1 位数字表示生产年份，第 2～4 位数字表示一年中的第几天生产，第 5～8 位数字表示独立的轮胎 ID 号。

4. 其他标识

在轮胎外壁还有原产地、设备识别号、件号、额定负载、额定速度、帘布层数等标识，详细的标识解释，详见轮胎厂家提供的 CMM。

4.4.4　轮胎使用

轮胎一定要按照制造厂家的要求使用，轮胎为有机物，对温度、氧气、臭氧、有机溶剂比较敏感，不正确的使用将造成轮胎故障。由于轮胎工作环境非常恶劣，且在飞机起飞、降落等关键阶段使用，其故障对飞机安全影响较大。

1. 轮胎的储存

轮胎应存放于阴凉、干燥的库房内。库房窗户须涂一层蓝色油漆或用黑色塑料布盖上，以避免阳光直接照射轮胎。库房内不应有任何产生臭氧的设备，如荧光灯、电动机、电池充电器、焊接设备、电动机或其他能引起电火花的设备。

注意：臭氧很容易使飞机轮胎中的天然及合成橡胶失去活性，产生裂纹。

避免强烈的空气流动，不可使用鼓风机换气。因为这能增加供氧量并且常常夹带有臭氧，加速橡胶老化。轮胎在库房内应距离热源 1 m 以上。轮胎不得与油类、易燃物品、化学腐蚀品及其他易使橡胶变质的物品混放。

注意：强烈的光线和热量将导致橡胶出现裂纹和整体性能退化。

轮胎应沿行驶面竖直放置，不允许平放堆叠或穿心悬挂。存放在库房内的轮胎至少每季度转动一次支点（即与地接触点），以减少轮胎的胎冠部位变形。如果因条件限制，需将轮胎堆叠存放，必须遵守轮胎厂家手册的限制。

内胎应储存在原包装箱内，以保护其免受光照影响。如果不用箱子存放，在仓库或柜子里存放时应涂上滑石粉用厚纸包好。若包装损坏，可以先用厚纸裹起来，再装在密封的塑料袋内。内胎也可以少量充气，涂上滑石粉并放入同规格的外胎中储存。任何情况下都不能把内胎挂在铁钉、木栓或其他能使内胎形成折痕的物体上，以免使内胎产生裂纹。

2. 轮胎的装配

外胎装配前，应先检查轮胎的规格、层级、额定速度和件号与规定的用途是否相符。然后检查轮胎表面、胎圈着合面、气密层（无内胎轮胎）或内衬层（有内胎轮胎）有无裂纹、鼓包、发黏、油污以及机械损伤等异常现象。

注意：必须确保没有异物留在外胎内壁，如标签、纸或工具。

由于外胎内壁难以检查，可以用手轻抚轮胎内壁各处，以确保内壁无异物附着在上面。异物将损坏外胎内壁和内胎，造成轮胎漏气。在一些飞机外胎内部贴有平衡片，这是正常的。平衡片是轮胎生产厂家根据轮胎生产标准对轮胎进行平衡的手段，不要将其与异物或补丁混淆。平衡片禁止扯下，扯下胎内平衡片将损坏轮胎内壁橡胶造成轮胎漏气。

对于有内胎轮胎，组装时应使用一个新内胎。因为使用过的内胎在使用中，充气膨胀而使胎面拉伸或变薄（可增大 12%），在重新装入新的外胎时可能因为内胎外径大于外胎内部直径而形成皱褶，最终导致内胎过早发生故障。在外胎内表面和内胎外表面抹上滑石粉，多余的滑石粉应抖落掉。涂抹滑石粉可以避免内胎与外胎里面或外胎边缘处粘连。涂抹滑石粉还能帮助内胎在充气过程中形成正常的形状，以及减少起皱或变薄的可能性。

轮胎装配时，轻点和重点一定要对齐。平衡对于轮胎组件是非常重要的，如轮胎不平衡，着陆时轮胎组件较重部分总是处于底部，首先接触跑道，这将造成轮胎面的局部严重磨损，从而需要提前更换。另外，不平衡的轮胎会引起强烈的振动，可能影响飞机的操纵。

4.4.5　机轮拆卸、分解和组装

当要接近任何受损的机轮时，须等它冷却至环境温度（飞机落地后 3 h），且不要正对轮胎胎面。在分解机轮之前，一定要将轮胎彻底放气。这是非常重要的一步，不履行这个规定可能造成严重的事故。一个较好的经验是将机轮从飞机上卸下来之前，就把轮胎的气放掉。拔气门芯时要特别小心，轮胎内的高压气体可能将气门芯像子弹一样射出去。

赛斯纳 172 飞机标配的有内胎机轮使用了派克宇航（Parker Aerospace）生产的克利夫兰轮毂和刹车，正常使用时应定期目视检查轮毂是否存在腐蚀、裂纹或其他可见损伤。前机轮轮毂贯穿螺栓至少应有 1.5 个螺纹露出在螺母外，主机轮轮毂贯穿螺栓也应当至少有 1.5 个螺纹露出在螺母外并且螺母应当安装在刹车盘一侧。轮胎拆卸并分解后，应目视检查每半轮毂是否存在裂纹、划痕、腐蚀或其他损伤，轮毂不允许有任何裂纹。轮毂制造厂家建议分解后对轮毂组件进行褪漆后染色渗透检查，也可使用涡流进行无损检测，轮毂上小的划痕、凹坑可用细砂纸打磨。

轮毂组装前，应当对轮毂轴承进行重新润滑。彻底清洁机轮轴承，并用低压冷空气吹干。使用冷空气吹干时，应当用手固定轴承内外圈，避免气流使轴承高速旋转，未润滑的干轴承高速旋转可能会爆裂。清洁后，用手册推荐的润滑脂重新润滑轴承，润滑脂应压入并充满轴承滚珠间隙，如仅涂满轴承外部将造成轴承润滑不良，达不到使用寿命。轮毂上的轴承座，是压入轴承座槽内的，正常情况下轴承座不能拆下。如轴承座损坏，需将这半轮毂放入烤箱中加热 30 min，温度不超过 250℉（121℃），然后在加热状况下将轴承座压出。

对于刹车，因内部安装有密封圈，其库存寿命为 10 年，并且应当储存在 50～77℉（10～25℃）的环境内。

机轮组装完成后，对轮胎充气前，应再次检查轮胎组装是否正确。充气使

用的高压气体应为氮气（氧气含量低于 5%），充气时先慢慢给轮胎充气到推荐压力，然后彻底放气，再充气至规定的轮胎使用压力，这样可避免内胎皱褶。

注意：对轮胎充气时，机轮组件应始终在安全笼内，高压力的轮胎是非常危险的。

新组装的机轮应放置至少 12 h 再使用，其目的是判定在外胎、内胎或轮毂等零件上是否存在着结构缺陷。

4.4.6　机轮其他维护要求

由于弹簧管式主起落架的弹性，赛斯纳 172 飞机需定期检查主起落架机轮的前束和外倾，如图 4.12 所示。前束检查是从飞机正上方方向下看，两个主起落架轮胎旋转平面应平行。外倾检查是从飞机正前方向后看，两个主起落架轮胎应垂直地面或与地面呈固定的角度。赛斯纳 172 飞机前束限制 0.00～0.18 in，外倾限制在 2°～4°，如超出此限制，主起落架需进行安装检查或更换新件。

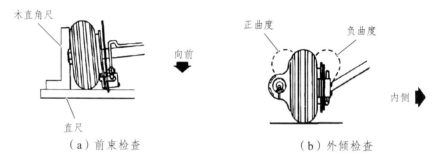

（a）前束检查　　　　　　　　　　（b）外倾检查

图 4.12　机轮检查

4.5　起落架系统常见故障

4.5.1　主起落架腐蚀

赛斯纳 172 飞机主起落架由高强度合金弹簧钢制造，表面喷涂防腐底漆和面漆，并在脚蹬安装位置和轮轴安装位置缠绕防磨特氟龙胶带。由于脚蹬安装位置和轮轴安装位置均裸露在外，容易聚集灰尘、水分，造成漆层鼓包，加剧灰尘、水分的聚集，从而增加腐蚀源，加速腐蚀。因此，如检查发现漆层鼓包，应立即进行处理。

4.5.2　主起落架异响

主起落架与机身起落架安装座为过盈配合，并使用特氟龙衬套消除间隙。

随着主起落架安装位置的磨损、机身起落架安装座的变形或特氟龙衬套的脱出，主起落架会出现异响。如起落架出现异响，应全面检查起落架的安装。

4.5.3 刹车液压管路磨损和腐蚀

刹车液压管路为铝合金硬管，沿着主起落架安装。当安装不正确，液压管路与主起落架或整流罩间隙过小时，容易出现管路磨损。另外，刹车液压管路靠近地面跑道，飞机起飞、降落（滑行）中溅起的污物容易附着在管路上，如果存在水则会形成电化学腐蚀，使管路快速腐蚀漏油。日常使用中管路如发现污物，应立即清洁并检查是否存在电化学腐蚀。

4.5.4 胎压不正确

充气压力过高对轮胎会造成一定的危害，如轮胎顶部快速磨损，降低轮胎使用寿命。过量的充气，还可能导致飞机轮胎爆裂，造成严重或致命的人身伤害。

充气压力不足会导致轮胎"错线"。轮胎充气压力过低，会使轮胎胎缘与轮毂压紧力不足，当飞机着陆并使用刹车时，轮胎容易在机轮上产生错动或打滑。当轮胎错动时，有内胎轮胎的内胎气门嘴会倾斜甚至被切断。另外，充气压力低会导致飞机减振性能下降，着陆时轮胎能吸收撞击动能减少，加剧减振支柱的负担，造成着陆冲击力增大。轮胎压力过低，轮胎还会折曲在轮缘上，损坏轮胎的下侧壁、胎缘和轮缘，同时会造成胎体帘线受力过大而断裂，导致轮胎爆胎。充气严重不足会引起帘线层过量弯曲，产生过大的热量和应变，造成帘线松弛和疲劳，最终导致爆胎现象发生。压力过低还能造成轮胎胎面的边缘或边缘附件过快或不均匀磨损。

4.5.5 刹车作动筒杆断裂

赛斯纳 172 飞机的刹车是频繁使用的部件，正常安装时，脚蹬施加的刹车力仅对刹车作动筒杆产生压力。但当刹车油缸的安装间隙变大、安装刹车油缸的腹板变形时，刹车作动筒杆上将出现弯矩，长时间使用，刹车作动筒杆将从螺纹退刀槽处疲劳断裂。

4.5.6 前轮摆振

赛斯纳 172 前轮摆振是比较常见的故障，前轮摆振会造成飞行员操纵飞机困难。前轮摆振的主要原因是：前起落架支柱固定螺栓松动；前轮转弯操纵杆松动；减摆器故障；机轮轴承过松；前轮组装时，未进行有效的轮胎平衡。

第 5 章
燃油系统

赛斯纳 172 飞机燃油系统分为飞机燃油系统和发动机燃油系统两个部分，以发动机直接驱动燃油泵为分界，之前的为飞机燃油系统，之后的（含发动机直接驱动燃油泵）为发动机燃油系统。飞机燃油系统主要功能为存储飞行所需燃油，在各种规定的飞行状态和工作条件下保证安全可靠地供给燃油，调整飞机重心，冷却飞机部件。发动机燃油系统主要功能为计量燃油，将计量过的燃油供给发动机，燃油的雾化和气化。在飞机燃油系统和发动机燃油系统均设置了传感器，计量燃油量、燃油流量等信息，为座舱中的指示仪表提供信号。

5.1 燃 油

赛斯纳 172 飞机发动机使用航空汽油作为燃料。航空汽油是专门为航空活塞发动机研发的燃料，与普通的车用汽油相比，其辛烷值更高，挥发性更低，燃烧更稳定。航空汽油是由石油的直馏产品和二次加工产品与各种添加剂混合而成的，其主要性能指标是辛烷值和品度值。航空汽油的辛烷值是指与这种汽油的抗爆性相当的标准燃料中所含异辛烷的百分数，这种标准燃料由异辛烷和正庚烷混合液组成，它表示航空汽油的抗爆性能，即在发动机中正常燃烧（无爆震）的能力。对辛烷值的要求依发动机的特点而异，主要取决于压缩比，压缩比越大，辛烷值应当越高。为提高辛烷值，可往汽油中加入含有抗爆剂（如四乙基铅）。品度值指的是以富油混合气工作时发出的最大功率（超过这一功率便出现爆震）与工业异辛烷所发出的最大功率之比，用百分数表示。

在莱康明发动机公司发布的服务信函（Service Instruction，SI）1070《适用于火花点火式航空汽油发动机的燃油》中，赛斯纳 172 飞机安装的莱康明 IO-360-L2A 发动机允许使用以下技术标准的燃油，以及两种牌号的车用汽油，见表 5.1。

表 5.1　莱康明发动机使用的航空汽油牌号和技术标准

	燃油技术标准	燃油等级	颜色
含铅型	DEF-STAN 91-090 航空汽油的标准规格	100LL	蓝色
	ASTM D910 航空汽油的标准规格	100 100LL 100VLL	绿 蓝 蓝
	TU 38.5901481-96 供汽油发动机的高辛烷汽油 乌克兰国家标准	91	黄
	GOST 1012-72 航空汽油 俄罗斯国家标准	B91/115 B95/130	绿 琥珀
无铅型	ASTM D7547 无铅航空汽油的标准规格	UL91 UL94	透明到黄色 （无染色）
	DEF-STAN 91-090 无铅航空汽油的标准规格	UL91	透明到黄色 （无染色）
	HJELMCO 91/96 UL 是无色无铅燃油的注册贸易名称， 由 HJELMCO Oil, Inc 生产	HJELMCO 91/96 UL	透明到黄色 （无染色）

虽然莱康明发动机公司允许使用多个牌号的航空汽油，但实际使用时还需得到飞机制造厂家的批准。在赛斯纳 172 飞机 POH 中，允许该飞机使用 ASTM D910 标准的 100 等级（绿色）和 100LL 等级（蓝色）航空汽油。为防止燃油管路和油箱结冰，POH 中允许在航空汽油中添加异丙醇或二乙二醇单甲醚添加剂，异丙醇浓度不超过燃油总体积的 1%，二乙二醇甲醚浓度为 0.10%～0.15%。对于车用汽油，虽然 SI 1070 允许 IO-360-L2A 发动机使用 ASTM D4814 标准的 93AKI 等级汽油以及 EN228 Super Plus 汽油，但应谨慎使用，需详细阅读莱康明发动机公司相关的技术文件。

注意：ASTM D7547 标准的 UL91 等级燃油在国内有厂家提供，使用前应先获得赛斯纳飞机公司的同意。

在实际运行中，不得将不同等级的燃油混合使用，也不得使用未经批准的燃油。低于规定辛烷值的燃油，可能导致发动机爆震和机械损伤。如加注了不正确等级的燃油和添加剂，应当按照莱康明发动机公司发布的服务通告（Service Bulletin，SB）398 推荐的燃油污染处理措施完成相关工作。

含铅型航空汽油添加了四乙基铅作为抗爆剂，四乙基铅可以提高燃料辛烷值，以防止发动机内发生爆震。但四乙基铅为剧烈的神经毒物，可经皮肤吸收，接触含铅型航空汽油应佩戴防护用品，如皮肤接触了含铅型航空汽油，应立即用肥皂水清洗。

防冰添加剂二乙二醇单甲醚对人眼和角膜有刺激作用，对人体肾脏和中枢神经系统有镇静作用，如果不慎吸入、吞食或经皮肤被身体吸收，将导致眼睛刺痛和发炎。它也是易燃物质，因此在使用该添加剂时，应注意外包装上的安全警告信息。

5.2 飞机燃油系统

飞机燃油系统由两个结构油箱、一个三位燃油选择活门、一个储油箱、一个辅助燃油泵、一个燃油关断活门、一个燃油滤组成，通过燃油管路连接，在结构油箱内分别安装了油量传感器以监测燃油油量，如图 5.1 所示。

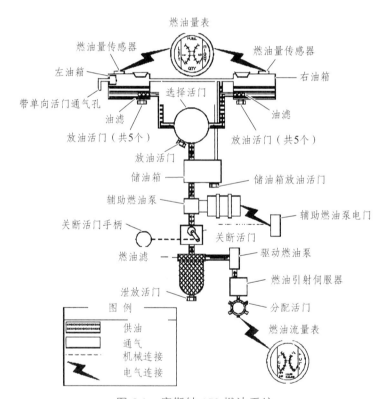

图 5.1　赛斯纳 172 燃油系统

飞机燃油系统供油提供重力和动力两级供油，燃油在重力作用下从两个机翼结构油箱流出，通过一个三位选择活门流到储油箱里，再通过辅助燃油泵、燃油关断活门和燃油滤,到达发动机驱动燃油泵,如图 5.2 所示。飞机燃油系统的重力供油和电动动力供油,与发动机燃油系统机械动力供油一起为赛斯纳 172 飞机供油。

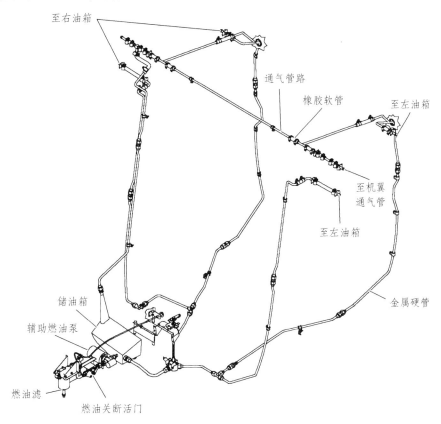

图 5.2　赛斯纳 172 飞机燃油系统管路

5.2.1　结构油箱

赛斯纳 172 飞机结构油箱总容量为 56 US gal（每个油箱 28 US gal），可用的燃油总量为 53 US gal。结构油箱由机翼翼梁、翼肋、蒙皮围成,使用专用密封胶密封缝隙。在每个结构油箱底部安装了 5 个放油活门,用于日常维修中放泄油箱中的燃油和检查燃油质量。用燃油样品杯顶开放油活门,即可放泄燃油油样检查燃油质量。在燃油箱顶部机翼外表面,安装了燃油加油口盖,用金属链条与油箱结构相连。口盖上设计了单向阀门,允许空气从外部进入燃油箱以平衡内外部的气压,同时阻止燃油箱内部的汽油溢出,如图 5.3 所示。

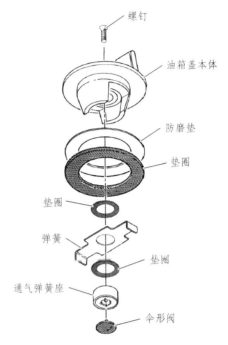

螺钉

油箱盖本体

防磨垫

垫圈

垫圈

弹簧

垫圈

通气弹簧座

伞形阀

图 5.3　油箱加油口盖

左机翼结构油箱安装了与大气相通的通气管，目的是保持结构油箱内外气压的平衡，右机翼通过结构油箱互通管路与左机翼相连，实现左右机翼气压与大气一致。通气管路上装有一个单向活门，从机翼支架附近的左机翼底部翼面伸出。燃油系统通气对于正常工作至关重要，其堵塞会导致燃油流量减小，最终引起发动机停车。在每个结构油箱底部有两个输油管路入口，安装了金属网状燃油滤，可过滤燃油中的较大杂质。

在赛斯纳 172 机身下部，安装了一个储油箱，燃油因重力充满整个储油箱，这样可避免空气进入燃油输油管路。储油箱底部安装有一个燃油放油活门。

日常运行中需完成结构油箱渗漏检查、通气测试和加放油。

赛斯纳 172 飞机 AMM 手册将燃油渗漏分为 4 个等级：

（1）微渗——0.75 in 直径或更小的区域。

（2）渗漏——直径在 0.75～1.50 in。

（3）严重渗漏——直径在 1.50～4.00 in 的区域。

（4）滴淌——燃油从渗漏位置向下滴淌。

微渗燃油可能会很快挥发，日常检查时应注意燃油挥发后留下的染色剂，结构油箱外部出现任何染色剂残留均应详细检查结构油箱密封情况。因燃油会流动，外部染色剂位置不一定就是渗漏源，应沿着燃油流动追溯渗漏源。查找渗漏源的另一个方法是，向渗漏的结构油箱内部吹入空气，在机翼结构外表面涂肥皂水。发现渗漏的结构油箱，应使用手册推荐的密封胶进行重新密封。重新密封的结构油箱，需进行结构油箱密封性测试。测试方法是在一个结构油箱上连接一个能够测量 20 in 水柱压力的压力表，从另一个油箱输入 13.8 in 水柱压力的氮气，检查压力的稳定情况。

油箱通气管检查的方法是在通气管末端连接橡胶管，然后对管内吹气，如果空气能吹入油箱，则通气管是畅通的。然后打开另一边结构油箱口盖，再次向通气管吹入空气，如压力从加油口盖得到了释放则交输管路是畅通的。

赛斯纳 172 飞机的加放油应按照以下步骤和注意事项完成：

（1）准备灭火设备，在整个燃油系统勤务过程中，灭火设备必须始终在位并处于可用状态。

（2）按照以下步骤完成接地。

① 首先将飞机接地；

② 将油车接地；

③ 将油车和飞机相连；

④ 将加油枪连到飞机上。

（3）确认飞机所有电门均在关位，再次确定灭火设备在位，确认所加燃油为手册允许的燃油等级。

（4）在加油口铺放保护垫，打开油箱加油口盖加油。

（5）盖上加油盖，擦去机翼上的多余燃油，移除接地装置。

注意：加油时禁止穿着能产生静电的服装，如尼龙或合成纤维制成的衣物。禁止穿钉有金属片的鞋子。飞机应停放在指定的专用加油/放油区。在加油的邻近区域，应禁止使用高功率的无线电设备。

在赛斯纳 172 飞机正常运行中，建议每次飞行后将油箱加满。因为油箱中的空气可能会凝结水分进入燃油，不仅直接影响后续发动机正常运转，还可能与燃油一起生成微生物。

5.2.2　燃油量指示系统

赛斯纳 172 飞机燃油量指示系统包含了油量传感器、油量表和连接线路。在每个结构油箱内部安装一个浮子式油量传感器（见图 5.4），燃油浮力作用浮子动作，燃油液位的变化使浮子位置发生改变，通过浮子臂驱动油量传感器内部的电容或磁铁产生电信号[依据美国联邦航空局《燃油或滑油量仪表》（TSO C55）设计]，输入飞机综合仪表系统油量表显示给飞行员（普通仪表型输入给独立的油量表）。油量表以"加仑"为单位显示，红线和数字"0"表明空油箱。当油量表显示为空油箱时，每个油箱内还有约 1.5 USgal 不可用燃油。在飞机侧滑、刹车或非正常的姿态时，油量表的读数会不准确。浮子式油量传感器可探测浮子移动极限内的油量，浮子到最大极限后，仍然可以继续向油箱加注燃油直到油箱完全装满，这时浮子指示不再增加，在综合仪表系统上燃油量显示可能为红色的"×"，这种情况不代表燃油指示系统故障，而是燃油量超过极限无法真实检测油量，运转发动机消耗部分燃油或直接放泄部分燃油即可恢复正常。

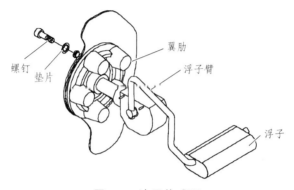

图 5.4　油量传感器

　　燃油指示系统可探测低油量状况和错误的传感器信号。任何时候，只要油箱里的燃油低于约 5 USgal 并且持续超过 60 s，琥珀色"LOW FUEL L"（左油量低）和"LOW FUEL R"（右 油量低）信号将在主飞行显示器（PFD）上出现，并伴有声音警告。油量指示的指针、标识都会从白色变成稳定的琥珀色。当油量在刻度上接近无可用燃油时，"LOW FUEL L"（左油量低）和"LOW FUEL R"（右 油量低）信号将保持琥珀色，指针和标识变成红色并闪烁。除低燃油警告外，警告逻辑的设计还可报告由于电路短路或断路而引起的传感器故障。如果电路检测到上述任何一种情况，发生故障的油箱的指示器将显示红色"×"。如果指示器顶部出现红色的"×"，说明左油箱传感器发生故障。如果指示器底部出现红色的"×"，说明右油箱传感器发生故障。

5.2.3　辅助燃油泵

　　赛斯纳 172 飞机的辅助燃油泵为发动机的辅助供油部件，由电机驱动，在发动机起动之前为发动机进行压力注油，保证发动机内有足够的燃油可以顺利起动。辅助燃油泵的供电由断路器板上的"辅助电动燃油泵"开关控制，当飞机系统供电时，打开这个开关即可使辅助燃油泵工作。

辅助燃油泵泵体为电机驱动的叶片泵，电机带动偏心转子驱动叶片转动，叶片通过离心力紧压在定子上实现密封，叶片密封容积在转动中的变大和缩小，实现燃油的流动，如图5.5所示。由于叶片与定子之间为滑动摩擦，应避免在内部无燃油的情况下转动叶片泵，否则将损坏内部零件。按照AMM手册要求，该泵每10年大修或更换新件。

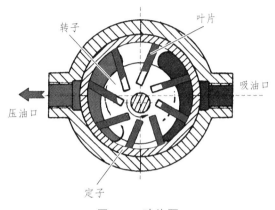

图5.5　叶片泵

辅助燃油泵在发动机起动、发动机驱动燃油泵失效、发动机燃油供应异常、飞机起飞时使用。发动机在高原机场、高温或加入更易挥发的混合燃油的情况下可能出现燃油汽化，发动机长时间工作在或接近慢车转速（低燃油流量）时，也会增加出现燃油汽化的概率。燃油流量指示不稳定（突然变化大于1 Usgal/h）就是燃油系统里燃油汽化的一个信号。如不加以处置，燃油流量指示不稳定加剧，则会导致发动机喘振并丧失功率。飞行中如果怀疑燃油汽化，应将辅助燃油泵电门打开，调节混合比使发动机稳定工作。另外需增加速度以使更多的气流通过整流罩冷却发动机和燃油系统部件。

5.2.4　燃油选择活门

赛斯纳172飞机上安装了一个三位燃油选择活门，设置了"LEFT""RIGHT"和"BOTH"三个选择位，分别对应左油箱输油、右油箱输油和双油箱输油。燃油选择活门通过位于驾驶舱中央仪表板下方的操纵手柄操纵，燃油选择活门手柄应一次操纵到位，操纵不到位可能会切断燃油。在飞机起飞、爬升、着陆以及机动飞行（包括超过30s的长时间侧滑）时，燃油选择活门都应放在双（BOTH）位。在巡航时，可以将选择器活门置于左或右油箱。在巡航中，当燃油选择器活门手柄处在双（BOTH）位时，如果飞机不能准确保持机翼水平状态飞行，则可能发生两边油箱的燃油流量不相等的状况。需调整燃油选择活门手柄至机翼"重"的一侧油箱上，以消耗该侧机翼内的燃油。为了确保在加注燃油时使燃油容量最大而燃油交输最小，在停放飞机时应保持机翼水平，并将燃油选择器置于左或右位。

5.2.5 燃油关断活门和输油管路

在燃油泵和燃油滤之间，安装了燃油关断活门。该活门连接位于驾驶舱中央操纵台的燃油关断手柄，手柄完全拉出，燃油油路关断，手柄完全推入，燃油油路打开。

5.2.6 燃油滤

燃油滤安装在赛斯纳 172 飞机防火墙前右侧，内置金属网状滤芯，用于过滤燃油中的杂质。在燃油滤下方，设置了放油活门，该活门为整个燃油系统的最低点，每次飞行前和加油后，都应当从此放油口放泄油样，检查燃油洁净度。

5.3 发动机燃油系统

发动机燃油系统包含机械燃油泵、燃油调节装置、燃油分配器和燃油喷嘴，它们由橡胶、金属燃油管路连接在一起。

5.3.1 机械燃油泵

机械燃油泵为隔膜泵，由发动机驱动凸轮驱动，凸轮旋转时，向下压杠杆机构，驱动薄膜上下运动，如图 5.6 所示。薄膜向上运动，燃油泵内部腔室容积变大，内部压力小于外部压力，进油单向活门被压差打开，燃油从进油口进入腔室。薄膜向下运动，燃油泵内部腔室容积变小，内部压力大于外部压力，出油单向活门打开，腔室内燃油从出油口压出。

5.3.2 燃油调节装置

赛斯纳 172 飞机使用了机械式燃油调节装置（见图 5.7），基于发动机进气量应与燃油流量成正比的工作要求设计，即流过燃油调节装置的空气流量越大，输入发动机气缸的燃油越多。在燃油调节装置进气通道内设计了文氏管，通过机械装置感受文氏管喉部压力，计量发动机的进气流量，并用气压差和油压差控制和调节供给发动机的燃油流量，通过喷嘴直接将燃油喷入气缸。该燃油调节装置在发动机工作期间连续输油，在发动机气门关闭期间，燃油短暂储存在燃油喷嘴，在气门打开后，负压将燃油吸入气缸并雾化。

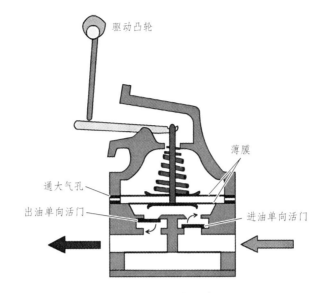

图 5.6　隔膜式燃油泵

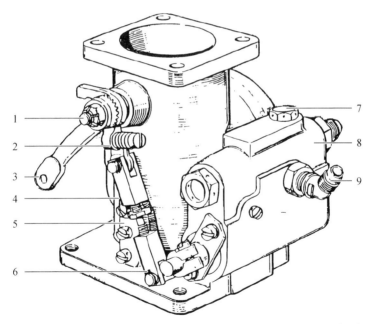

1—风门机构；2—慢车转速调整螺钉；3—风门摇臂；4—互联机构；
5—慢车混合比调整旋钮；6—慢车供油活门组件；7—燃料进口压力盖；
8—燃油进口和油滤；9—计量燃油出口。

图 5.7　赛斯纳 172 飞机燃油调节装置

燃油调节装置有两个摇臂，分别为风门摇臂和混合比摇臂，风门摇臂与驾驶舱内的油门杆相连，混合比摇臂与驾驶舱内的混合比杆相连。推拉油门杆，风门摇臂旋转，调大或调小空气流量，由燃油调节装置内部的机构自动调节燃油的流量与空气流量匹配。推拉混合比杆，微调燃油流量，增大或减少供给发动机的油气混合物里燃油的比例，使油气比例偏"贫"或偏"富"，以适应发动机实际运行需求。

1. 燃油调节装置概述

赛斯纳 172 飞机使用的燃油调节装置是一款历史悠久、设计经典、广泛应用于通用航空器的航空零部件，该燃油调节装置及其衍生型号在罗宾逊 R44 直升机、斯瓦泽 S269C-1 直升机、国产小鹰 500 飞机等均有使用。该型燃油调节装置最初由美国本迪克斯航空公司（Bendix Aviation）设计、制造（Bendix 品牌于 1999 年并入霍尼韦尔），1988 年精密空气动力公司（Precision Airmotive）从 Bendix 收购燃油供油系统产品线，一直生产该型燃油调节装置至今，该产品在 Precision 公司统一的件号为 RSA-5AD1。1999 年，美国 AVstar 燃油系统公司（AVstar Fuel Systems）建立，最初是翻修 Precision/Bendix 燃油调节装置的工厂，随后成长为一家为全球通用航空客户设计、制造和翻修燃油系统的企业。2008 年，AVstar 取得美国联邦航空局零部件制造人批准书批准，开始生产 Precision RSA-5AD1 型燃油调节装置的替代产品。由于 AVstar 与 Precision 两家企业的产品在设计上存在专利权争议，AVstar 生产的燃油调节装置替代产品曾经使用过 RSA-5AD1 和 LFC-5AD1 的件号，后修改为 LFR-NNSS5 件号。当前，在市场上适用于赛斯纳 172 飞机的燃油调节装置存在三个厂家的五种型号产品，见表 5.2。

表 5.2 适用于赛斯纳 172 飞机的燃油调节装置

制造厂家	件号	备　注
Bendix	RSA-5AD1	1988 年之前生产的赛斯纳 172 飞机装用
Precision	RSA-5AD1	1988—2008 年生产的赛斯纳 172 飞机装用，后续逐步被 AVstar 燃油调节装置替代
AVstar	RSA-5AD1 LFC-5AD1 LFR-NNSS5	最新生产的赛斯纳 172 飞机装用

国内当前运行的赛斯纳 172 飞机上，无 Bendix 燃油调节装置，但 Precision 和 AVstar 燃油调节装置均在使用。虽然 Precision 和 AVstar 燃油调节装置在外观上一样，但其零部件在设计上存在尺寸差异，将这两家企业的燃油调节装置零部件互换使用将使燃油调节装置无法正常工作。

2. 燃油调节装置工作原理

赛斯纳 172 飞机使用的燃油调节装置内部构造如图 5.8 所示。A 室和 B 室为空气室，中间由空气薄膜隔开；C 室和 D 室为燃油室，中间由燃油薄膜隔开。A 室通文氏管喉部，室内的空气压力为文氏管喉部的空气压力。B 室通冲压空气，其压力为大气压力。当文氏管内有空气流动时，A 室的空气压力低于 B 室的空气压力，其差值为气压差。气压差是空气流量的正相关函数，节气门开度越大，文氏管喉部的空气流速越大，A 室内的空气压力越低，空气室 A、B 之间的气压差越大。气压差作用在空气薄膜上，形成使球形活门开大的力。

从燃油泵来的燃油接到燃油调节部件进口，经进口油滤过滤后，一路直接通 C 室为非计量油压；另一路经定油孔后通 D 室为计量油压。C 室和 D 室之间由燃油薄膜隔开，由于非计量油压大于计量油压，形成油压差。油压差是燃油流量的正相关函数，流量越大，油压差越大，油压差作用在燃油薄膜上形成使球形活门关小的力量。作用在空气薄膜上的使球形活门开大的力量和作用在燃油薄膜上使球形活门关小的力量的平衡，决定着球形活门的开度。

上述两种力量相等，即气压差等于油压差时，球形活门处于平衡状态，开度不变，供油量保持为定值。节气门开大时，空气量增多，同时气压差增大，气压差大于油压差，球形活门开大，去燃油分配器的流量增加。这时，进 D 室的流量也增加，油压差增加，当油压差等于气压差时，球形活门升度不再增加，处于新的平衡位置，喷油量又保持为定值。节气门关小时，空气量减少，气压差小于油压差，球形活门关小，去燃油分配器的油量减小。这时进入 D 室的流量也减小，油压差减小，直至进入 D 室的流量减少到油压差等于气压差时，球形活门又处于另一新的平衡位置，喷油量又保持为定值。由上述可知，开大或关小节气门时，在气压差和油压差的作用下，球形活门能随之开大或关小，以调节喷油量。

当发动机在慢车转速工作时，由于节气门开度很小，A、B 室的气压差很小，不足以打开球形活门。因此，在 A 室装有一个慢车定压弹簧，用慢车定压弹簧顶住球形活门杆，使球形活门保持一定开度，从而保持发动机慢车时稳定工作，如图 5.9 所示。随着空气作用力的增加，弹簧压缩，直到弹簧座碰到空气薄膜固定座为止，形成一个刚体元件。

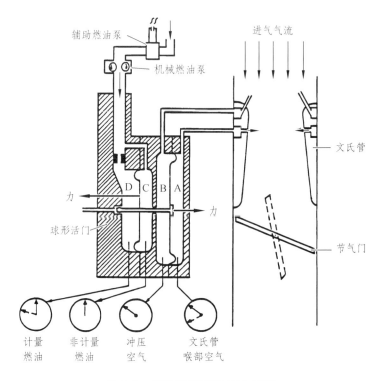

图 5.8　燃油调节装置工作原理

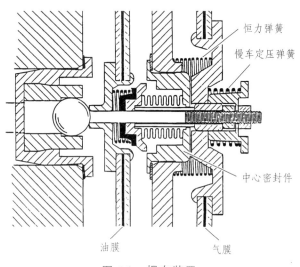

图 5.9　慢车装置

在图 5.9 中冲压室还有一个恒力弹簧，在非计量燃油室有密封装置，密封装置的作用是防止燃油进入空气室，密封装置由涨缩盒、支承座及支承弹簧组成。向中转速过渡时，主要由冲压室恒力弹簧和燃油调节部件中的慢车活门来完成。当慢车定压弹簧贴紧空气薄膜座后，空气流量继续增加时，气压差仍然不够大，这时冲压室恒力弹簧就可以接替慢车定压弹簧使球形活门保持一定开度。没有冲压室恒力弹簧时，流量就会突然下降，影响向中转速过渡。

为了得到正确的燃油计量，燃油的消耗量应符合空气的质量消耗量（不是容积消耗量）。但是当高度增加时（或温度升高时），外界空气密度减小，而气压差并没有改变，也就是使球形活门打开的力量没有改变，因而随着高度增加或温度的升高，混合气将出现富油现象。赛斯纳 172 飞机燃油调节装置上没有混合比自动调节装置，因此需要进行人工混合比调节。在燃油调节装置部件中有一人工混合比调节活门，此活门通过传动机构与座舱中的混合比操纵杆相连。混合比操纵杆有两个极限位置：最前为全富油，最后为慢车关断。因此，混合比调节装置的功用，一方面可以进行人工混合比调节，保持混合比适当；另一方面是可作为停车操作装置使用。

操纵混合比操纵杆时，经传动机构，旋转摇臂改变混合比调节活门通油截面的大小。当混合比操纵杆往前推时，通油孔截面增大，计量燃油流量增加，供油量增多，发动机富油；当后拉混合比操纵杆，混合比调节活门通孔截面变小，计量燃油流量减小，供油量减小，混合气往贫油方向变化，当混合操纵杆拉到最后为慢车关断，此时混合比调节活门通油截面很小，去燃油分配器的燃油压力很小，打不开燃油分配器上的分油活门，使发动机因停止喷油而停车。

5.3.3　燃油分配器

燃油分配器安装在发动机顶部，其作用是将燃油调节装置计量后的压力燃油均匀地分配至各个气缸的燃油喷嘴，保证发动机在各种情况下的燃油需求。如图 5.10 所示，压力燃油通过燃油导管进入分配器下腔，燃油分配器薄膜受到压力克服分配器弹簧力，向上打开空心分油活门，通过活门上的小孔分配到其连接的燃油喷嘴。对于普通仪表型，在分配器上引出一路压力燃油至燃油压力传感器，燃油压力传感器检测燃油压力并换算为燃油流量显示给飞行员。G1000 型由于安装了专用的燃油流量传感器，此油路使用堵头堵上。

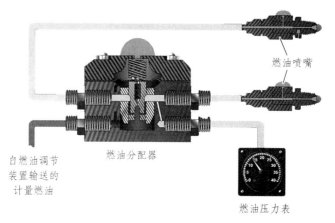

燃油喷嘴

自燃油调节
装置输送的
计量燃油

燃油分配器

燃油压力表

图 5.10　燃油分配系统

5.3.4　燃油流量传感器

赛斯纳 172 飞机 G1000 型在燃油调节装置和燃油分配器之间的油路上串联了独立的燃油流量传感器，用于检测输入燃油分配器的燃油流量，以显示给飞行员。该燃油流量传感器由燃油直接驱动，转动叶轮发出计数脉冲，由脉冲计算出燃油流量，输出电信号至 G1000 综合航电系统。

赛斯纳 172 飞机普通仪表型燃油流量传感器是一个压力传感器，即通过测量燃油压力，然后转换为燃油流量进行指示。燃油流量传感器通过管路与燃油分配器相连，将燃油压力转换成电信号并送至仪表显示。

5.4　燃油系统维护

5.4.1　燃油洁净度检查

燃油污染通常是由于燃油系统内存在的外来物质引起的。这些外来物质包括水、铁锈、沙子、污物、生长的微生物或细菌等。此外，与燃油或燃油系统部件不相容的添加剂也可能污染燃油。每次飞行前和每次加油后，使用干净的样品杯从每个燃油箱的放油孔及燃油滤快速排放活门排放至少一满杯燃油，以检查燃油是否出现污染。这样也可确保飞机加入了正确等级的燃油。如果检测到污染，重新排放所有燃油放油孔，包括燃油储油箱及燃油选择活门快速放油活门。然后将尾翼压低到地面，轻轻摇动机翼，以将其他杂质移至抽样检查点。再从所有燃油放油孔取样直到去除所有的污染物。

如果反复采样检查后，仍有污染迹象存在，则该飞机应停飞。让有资格的维护人员对油箱进行完全排放并净化系统。如果飞机加入的燃油等级不正确，应全部排放干净，然后加入正确等级的燃油。飞机燃油有污染或加入未经批准的燃油时，不得进行飞行。

如果重量与平衡允许，在两次飞行之间建议加满油箱，以减少未加满油箱中的空气凝结水进入燃油。为进一步减少燃油污染的可能性，应按照 AMM 对燃油系统进行常规维护，且只能使用该手册推荐的燃油。除非经过赛斯纳或局方批准，不应使用燃油添加剂。

5.4.2　燃油管路

赛斯纳 172 飞机上燃油系统输油油路上使用了大量的金属硬管、橡胶软管。金属硬管预制成型后沿机身结构或发动机结构安装，日常维护中应避免管路与结构之间相磨。发动机金属硬管的日常安装，请详细阅读莱康明 SB 342 的相关内容。机身结构中安装的硬管之间，使用橡胶软管连接，该橡胶软管具有寿命，每 7 年应强制更换。发动机上的燃油系统软管，其寿命控制与发动机翻修时限一致，翻修时必须更换新件。

注意：所有的输油管路断开后，都应当将开口堵上，避免外来物进入油路。

5.5　燃油系统常见故障

1. 放油活门漏油

赛斯纳 172 飞机在机翼油箱下部共安装了 10 个放油活门，由于放油活门内部使用 O 形密封圈密封，频繁的油样检查、O 形圈自然老化、燃油中的添加剂使 O 形圈加速老化等，均会造成放油活门漏油，漏油后会出现色斑或者燃油滴淌，如发现应及时更换新件。

2. 燃油回油管路与转弯拉杆碰磨

赛斯纳 172 飞机燃油回油管路与转弯拉杆之间的间隙较小，如安装偏差过大、结构变形等，会造成转弯拉杆与回油管路出现碰磨，严重的会出现燃油泄漏。关于此类故障详细的检查要求和处理措施见赛斯纳飞机公司发布的 SB07-28-01 和 SB11-28-03 两份文件。

3. 燃油系统污染

燃油污染是赛斯纳 172 飞机燃油系统比较常见故障，如加油、放油、拆换燃油系统零件等，都可能在燃油系统中带入污染物。由于燃油系统中的零部件大多为精密部件且燃油管路内径较小，燃油系统中的污染物极易造成燃油系统严重故障。燃油系统的任何工作，均应严格执行外来物防范规则。

第 6 章
空调系统

赛斯纳 172 飞机空调系统的功能包含了座舱加温、通风、制冷和电子设备舱通风等（见图 6.1），赛斯纳 172 飞机标准配置无座舱制冷空调，可自行选择空调制冷系统。

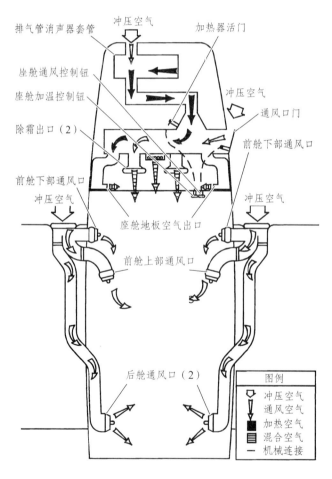

图 6.1　座舱加温/通风示意图

6.1 座舱加温

赛斯纳 172 飞机使用发动机消声器的热量对座舱进行加温。冲压空气经过螺旋桨后面的整流罩进气口进入发动机舱，一部分空气进入发动机导流板上热交换器的空气入口，空气通过导管进入热交换器。当其通过热交换器和消声器周围时，空气升温并带走发动机排气管中的热量。如图 6.2 所示，热空气通过导管到达防火墙位置的座舱加温控制阀，控制阀由驾驶舱右仪表板下方的座舱加温（CABIN HT）操纵杆操纵，通过控制活门的开度进而控制进入座舱的热空气量。另外，在驾驶舱右仪表板下方还有一个座舱空气（CABIN AIR）操纵杆，该操纵杆控制位于前机身右侧的通风口的开闭，进而控制进入通风系统的外部冲压空气量。两个操纵杆都是按钮锁定式，这样可以允许对温度和流量进行中间位置调节。根据座舱加温操纵杆和座舱空气操纵杆不同位置的调节，控制热空气和外部冲压空气的比例，即可在座舱内获得合适的加温。当完全拉出整个座舱加温操纵杆，把座舱空气操纵杆完全按入时，座舱温度可达到最高。如果座舱不需要加温，则将座舱加温控制杆完全按入。

调整好温度的空气，通过 4 个出风口进入座舱。位于风挡位置的 2 个出风口，为风挡除霜，2 个旋钮控制每侧除霜器出口的滑动活门，对除霜气流进行调节。另外在左右驾驶员旁边的机身装饰板上，各有一个出风口，为座舱提供加温空气。

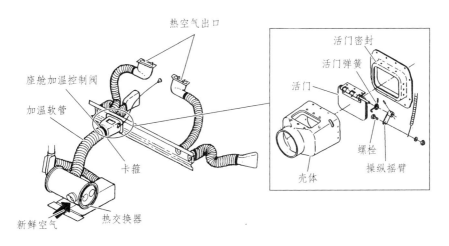

图 6.2　座舱加温系统

6.2 座舱通风

除了座舱加温系统可以向座舱输送外部新鲜空气外，在驾驶舱侧壁上，还有 6 个新鲜空气出风口（前排 4 个，见图 6.3，后排 2 个），可直接将外部冲压空气输送到座舱内。

在每个机翼有两个冲压空气进口，一个进口将冲压空气送入机翼前缘/风挡交界面的出风口，另一个进口的冲压空气分为两路，一路输送至前排座椅中间躯干区的出风口，另一路输送至后排座椅驾驶舱侧壁上部的出风口。新鲜空气出风口可以使用旋钮，调节出风量的大小，转动球形关节可以调节出风方向。

图 6.3　驾驶舱内部通风口

除座舱内通风外，为了给电子设备舱各种部件强制散热，在仪表板前部的电子设备舱安装了散热风扇，以降低电子设备的温度。

6.3 座舱制冷

赛斯纳 172 飞机标准配置不带座舱制冷空调，Keith、Kelly 或 Goodrich 等飞机零部件制造企业以补充型号合格证（Supplemental Type Certificate，STC）的形式制造了用于赛斯纳 172 飞机的座舱制冷系统。座舱制冷系统包含了压缩机（compressor）、冷凝器（condenser）、接收器/干燥器（receiver/drier）、膨胀阀（expansion valve）和蒸发器（evaporator），如图 6.4 所示。制冷空调系统重 60 lb 左右，加装制冷空调系统后飞机重心将向后移动约 1 in，因此对飞机重量和平衡的影响较小，但需减少行李舱携带的行李量。

加装座舱制冷空调，需在机身上开冷凝器排气口和冷凝器冷却空气进气口，内部改造包括沿地板的管道系统，行李舱空间将略有减少，以容纳蒸发器和蒸发器鼓风机。另外，需对中央仪表板和座舱内饰板进行一些更改，以适应冷却管道系统、空调出口、空调控制按键和空调显示仪表。

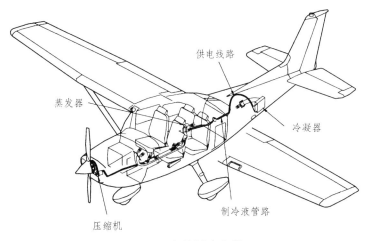

图 6.4　座舱制冷空调

6.4　座舱一氧化碳中毒预防

赛斯纳 172 飞机空调系统使用中，比较致命的故障是消声器/热交换器出现内部裂纹，排气废气进入座舱造成飞行员和乘客一氧化碳中毒。关于通用航空器一氧化碳中毒，美国联邦航空局发布了《飞机一氧化碳污染检测与预防》（AC20-32B）（1972 年）、《通用航空飞机排气系统的检查与保养》（AC91-59A）（2007 年），针对赛斯纳 172 飞机，1998 年还发布了 AD 98-02-05（Airworthiness Directive，适航指令），要求对座舱加温系统进行专项检查。

6.4.1　一氧化碳

标准状况下，一氧化碳（carbon monoxide，CO）相对分子质量为 28.01，密度 1.250 g/L，冰点为 –207℃，沸点 –190℃；极难溶于水；空气混合爆炸极限为 12.5% ~ 74%。一氧化碳进入人体之后会和血液中的血红蛋白结合，产生碳氧血红蛋白，进而使血红蛋白不能与氧气结合，从而引起机体组织缺氧，导致人体窒息死亡，因此一氧化碳具有毒性。一氧化碳是无色、无臭、无味的气体，故易于忽略而致中毒，临床上以急性脑缺氧的症状与体征为主要表现。

接触一氧化碳后如出现头痛、头昏、心悸、恶心等症状，吸入新鲜空气后症状即可迅速消失者，属一般接触反应。轻度中毒者会出现剧烈的头痛、头昏、心跳、眼花、四肢无力、恶心、呕吐、烦躁、步态不稳、轻度至中度意识障碍（如意识模糊、朦胧状态），但无昏迷。离开中毒场所吸入新鲜空气或氧气数小时后，症状逐渐完全消失。中度中毒者除上述症状外，面色潮红、多汗、脉快、意识障碍表现为浅至中度昏迷。及时移离中毒场所并经抢救后可渐恢复，一般无明显并发症或后遗症。重度中毒时，意识障碍严重，呈深度昏迷或植物状态。常见瞳孔缩小，对光反射正常或迟钝，四肢肌张力增高，牙关紧闭，并可出现大小便失禁。

空气中 CO 体积百分比、吸入时间与中毒症状见表 6.1。在血液中一氧化碳所占百分比和可能出现的症状见表 6.2。

表 6.1　空气中 CO 体积百分比、吸入时间与中毒症状

体积百分比/%	吸入时间和中毒症状
0.005	美国职业安全与健康管理局规定的 8 h 内允许的最大浓度值
0.02	2～3 h，前头部会轻微的头痛
0.04	1～2 h，前头痛、呕吐。2.5～3.5 h，有后头痛
0.08	45 min，会头痛、眩晕、呕吐。2 h 就会意识不清
0.16	20 min，会头痛、眩晕、呕吐。2 h 就会死亡
0.32	5～10 min，会头痛、眩晕。30 min 就会死亡
0.64	1～2 min，会头痛、眩晕。15～30 min 就会死亡
1.28	1～3min 就会死亡

表 6.2　血液中一氧化碳所占百分比和可能出现的症状

血液中一氧化碳所占百分比/%	典型症状
<10	无
10～20	轻微头痛
21～30	头痛，呼吸略微加剧，嗜睡
31～40	头痛，判断力减弱，呼吸急促，嗜睡加剧，视力模糊
41～50	剧烈头痛，神志不清，呼吸急促，嗜睡，视力模糊加剧
>50	神志不清，如果不从 CO 环境中移出，将导致死亡

6.4.2　通用航空一氧化碳中毒事件统计

2009 年，美国联邦航空局发布了《通用航空飞机一氧化碳暴露的检测与预防》（Detection and Prevention of Carbon Monoxide Exposure in General

Aviation Aircraft）报告，该报告统计分析了 1962—2007 年间美国国家运输安全委员会（National Transportation Safety Board，NTSB）调查的 71 712 项航空安全事件，其中有 62 项直接与一氧化碳有关。报告指出，活塞发动机的废气通常含有 5%~7%的一氧化碳，约 70%的排气系统故障会导致座舱成员一氧化碳中毒的危险。从季节看，虽然一氧化碳中毒四季都有发生，但在寒冷季节更为普遍。

赛斯纳 172 飞机座舱加温系统使用发动机排气的余热加热新鲜空气，输入座舱进行座舱加温。由于热交换器将消声器完全包裹，消声器裂纹泄漏难以检查，容易出现废气进入座舱的情况。

6.4.3 一氧化碳中毒预防

对赛斯纳 172 飞机一氧化碳中毒的预防主要有两种方法，一是定期详细检查消声器和热交换器状况，二是在座舱安装一氧化碳报警器。

赛斯纳172飞机热交换器/消声器必须按照 AMM 第5章所规定的时间间隔进行彻底检查（每100 h），驾驶舱内发现有从排气系统来的烟雾时也要进行检查。

警告：如果消声器漏气没能检查出来，可能会使一氧化碳气体进入驾驶舱，导致人员严重受伤或死亡。

消声器漏气检查程序：

（1）用手电筒和反光镜检查消声器内部，观察是否有裂纹或其他常见缺陷。

（2）目视检查消声器外部，观察是否有小孔、裂纹和烧蚀坑点。特别要注意焊接点附近的区域，以及烧白区域（这表示排气系统漏气）。

（3）目视检查之后，须按下述方法对排气系统进行漏气检查：

① 将消声器拆下，根据需要用橡胶堵头密封开口，然后向消声器内输入有压力的气体。

② 用肥皂水溶液检查排气系统疑似漏气的地方，如果肥皂水在消声器表面形成气泡并保持则认为是合格的；如果气泡被吹走，则该处存在漏气缺陷。

赛斯纳 172 飞机 G1000 型在仪表板上集成了一氧化碳探测器，该探测器使用电化学原理进行检测，由于该型探测器很容易受环境大气中的污染物干扰，在座舱内应尽量减少挥发性物质的使用。若综合仪表系统出现一氧化碳探测报警，应详细检查热交换器/消声器状况。赛斯纳 172 飞机普通仪表型未安装一氧化碳探测设备，如需检测，可使用便携式一氧化碳探测装置。

第 7 章
电气系统

7.1 电源系统

7.1.1 电源系统概述

赛斯纳 172 飞机的电源系统由主电源、辅助/应急电源、电源接线盒、供电网络组成。电源系统的功用包括:

（1）为电子设备供电。

（2）将飞机电能转换为热能（如空速管加温）。

（3）将飞机电能转换为机械能（如襟翼操纵）。

（4）照明。

7.1.2 系统组成

1. 主电源

赛斯纳 172 飞机的主电源由一个额定电压 28 V，额定电流 60 A 的交流-直流发电机供电。该发电机为皮带驱动型三相星形连接交流发电机，通过发动机齿轮盘驱动发电，并经整流电桥整流后输出直流电。发电机位于发动机的右前部，如图 7.1 所示。用一根长螺杆和一个钢自锁螺母来固定发电机，不用打开口销。通过测量皮带打滑时的摩擦力矩来测量皮带张力。交流发电机安装新皮带后应将皮带张力调节到 11 ~ 13 ft·lb①。飞机飞行 25 h 后，应按旧皮带的张力标准（7 ~ 9 ft·lb）重新调定皮带张力。

2. 辅助/应急电源

赛斯纳 172 飞机使用一个 G-241 铅酸蓄电池[额定电压 24 V，容量 12.75 A·h（5 h 放电）]作为备用电源，当主电源故障后向飞行必需的用电设备供电。蓄电池安装在发动机舱防火墙的左侧，如图 7.2 所示。电解液是稀硫酸，

---

① 1 ft·lb=1.355 N·m。

有腐蚀性，维护时应注意安全。日常维护中应定期检查电解液液面高度。检查电解液液面高度的方法是打开蓄电池单元格的塞子，目视电解液液面是否达到了加注口底部（呈一对括号状）。电解液过多会造成电解液溢出，电解液不足时应补充蒸馏水。蓄电池应定期送充电站进行容量检查。需要注意的是，日常工作中拆卸蓄电池时，一定要先断开负线，再断开正线；安装蓄电池时，一定要先连接正线，再连接负线。这样是为了防止安装或拆卸工具造成的不慎短路。日常维护时需要注意保持蓄电池及其连接点的清洁。

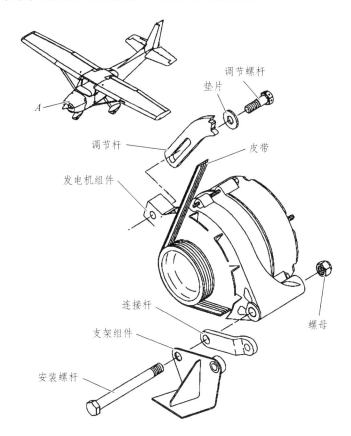

图 7.1　发电机安装示意图

　　安装 G1000 综合航电系统的飞机有第二个蓄电池，叫作备用蓄电池。若主电源失效，备用蓄电池将向重要汇流条供电。备用蓄电池的 PC 板安装在开关板的背后，用于备用蓄电池的电源充放电的控制和监测，如图 7.3 所示。

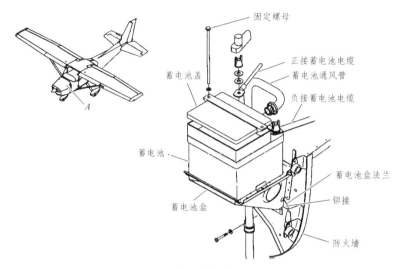

固定螺母

正接蓄电池电缆
蓄电池通风管
负接蓄电池电缆

蓄电池盖

蓄电池盒法兰

铆接

蓄电池

防火墙

蓄电池盒

图 7.2　蓄电池安装示意图

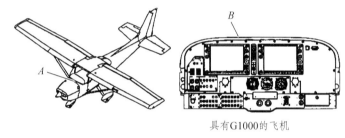

B

具有G1000的飞机

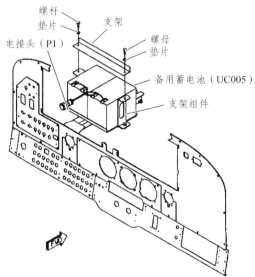

螺杆
垫片
支架

电接头（P1）

螺母
垫片

备用蓄电池（UC005）

支架组件

图 7.3　备用蓄电池安装示意图

3. 电源接线盒（J-BOX）

电源接线盒安装在发动机舱防火墙的左侧，如图 7.4 所示。电源盒安装有起动继电器、蓄电池继电器、外电源继电器、电流传感器、3 个 30 A 的断路器、交流发电机控制组件（Alternator Control Unit，ACU）和外电源插座。ACU 包括了调压、过压保护、低压警告功能。ACU 功能在外部不可调节，如果发电机供电电压过高或过低时，只能更换 ACU。电气系统的所有继电器及 J-BOX 内部接线如图 7.5 所示。

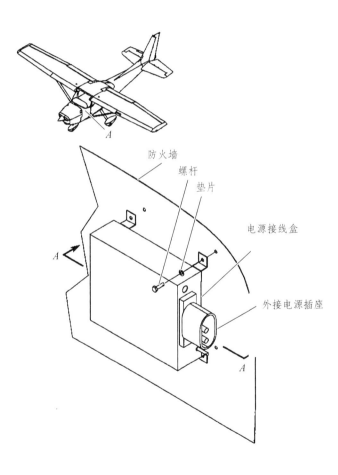

图 7.4　J-BOX 安装示意图

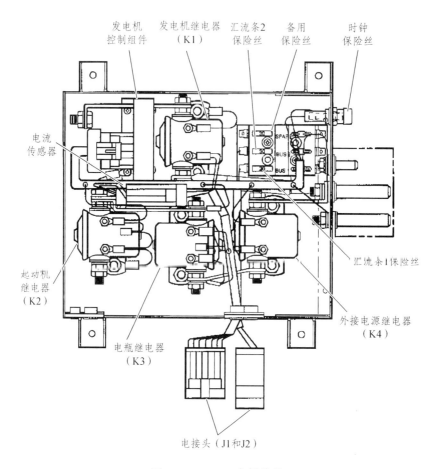

发电机
控制组件　发电机继电器　汇流条2　备用　时钟
　　　　　（K1）　保险丝　保险丝　保险丝

电流
传感器

起动机
继电器
（K2）

电瓶继电器
（K3）

汇流条1保险丝

外接电源继电器
（K4）

电接头（J1和J2）

图 7.5　J-BOX 内部接线

4. 供电网络

汇流条是一种多层层压结构的导电连接部件。采用汇流条式的结构可以大幅减少线缆连接的数量从而达到分散供电的目的。赛斯纳 172G1000 型飞机电气系统共有 6 根汇流条，分别是 1 号电气设备汇流条、2 号电气设备汇流条、重要设备汇流条、交输汇流条、1 号电子设备汇流条和 2 号电子设备汇流条。

飞机的 1 号和 2 号电气设备汇流条由电源盒内的 F1 和 F2 断路器供电。如图 7.6 所示，1 号和 2 号电气汇流条均与发电机系统相连接，正常飞行状况下由发电机供电。1 号电气汇流条向以下设备供电：遮光板照明、驾驶舱顶灯、礼貌灯、点火开关、辅助电动燃油泵、着陆灯、尾翼防撞灯、襟翼电动机。2 号电气汇流条向以下设备供电：空速加温管、航行灯、滑行灯、频闪灯、地图灯、仪表照明。

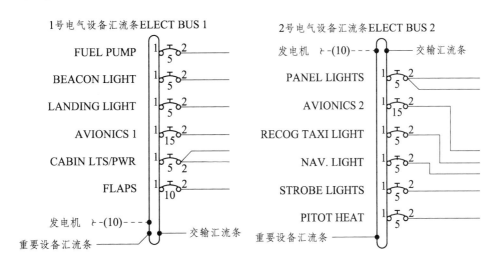

图 7.6 1 号和 2 号电气设备汇流条

正常情况下,重要设备汇流条由 1 号及 2 号电气设备汇流条共同供电。与此同时,备用蓄电池直接与重要设备汇流条相连,在其他电源全部失效的紧急情况下,保证重要设备汇流条 30 min 不中断供电来确保人员的飞行安全。重要设备汇流条给备用指示灯、主飞行显示器(Primary Flight Display, PFD)、大气数据计算机及姿态航向基准系统(Air Data computer and Attitude Reference System, ADC/AHRS)、1 号通信及 1 号导航供电。在 1 号、2 号电气设备汇流条和重要汇流条之间分别有一个隔离二极管,隔离二极管有以下作用:当某一电气设备汇流条出现短路故障后,电流超过二极管的承载能力,二极管断开与电气设备汇流条的连接,从而保证重要设备汇流条的正常供电;当重要设备汇流条出现反流故障时,因为二极管的单向导通性,电流不会流入电气设备汇流条,从而反流故障不会影响电气设备汇流条的正常工作。

如图 7.7 所示,交输汇流条给发电机的励磁系统、警告系统提供电源。交输汇流条由 1 号及 2 号电气设备汇流条供电,极大地提高了交输汇流条供电的可靠性。同样在 1 号、2 号电气设备汇流条和交输汇流条之间也有一个隔离二极管。与重要设备汇流条一样,二极管用于防止某一电气设备汇流条短路故障影响交输汇流条的供电,以及交输汇流条的反流故障影响电气设备汇流条的正常供电。

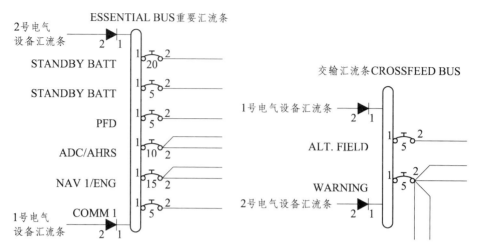

图 7.7　重要汇流条和交输汇流条

如图 7.8 所示，1 号电子设备汇流条给 1 号导航、发动机机身参数组件、大气数据计算机及姿态航向基准系统 ADC/AHRS、PFD、选装的飞行指示仪表及选装的 DME（Distance Measuring Equipment）/ADF（Automatic Direction Finder）设备供电；2 号电子设备汇流条给选装的自动驾驶、应答机、音频板、2 号通信、2 号导航及 MFD 供电。

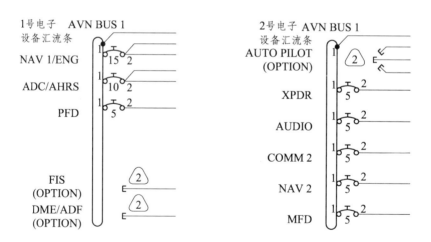

图 7.8　1 号与 2 号电子设备汇流条

如图 7.9 所示，电子设备汇流条分别由 1 号和 2 号电气设备汇流条供电。1 号电气设备汇流条通过电子设备总电门给 1 号电子设备汇流条供电，2 号电气设备汇流条通过电子设备总电门给 2 号电子设备汇流条供电。

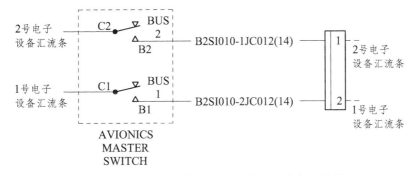

图 7.9　电子设备汇流条与电气设备汇流条连接图

5. 电源断路器板

赛斯纳 172 G1000 型飞机采用可拔出式断路器，可以人工断开或者在系统故障时自动断开断路器。断路器断开弹出部分呈白色，与周围黑色背景形成鲜明对比，能够及时引起飞行和维护人员的注意。断路器面板如图 7.10 所示。在飞机某个系统需要进行排故工作时，需要将相应的断路器跳开关断开来保障维修人员的安全；同时当飞机某个系统出现故障时，相应的断路器也会自动断开来保护飞机设备安全。电路断路器板包括电气电路断路器、点火/磁电机开关、主开关、电子主开关和照明开关。电路断路器板位于仪表板的左下方。

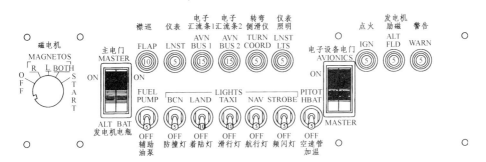

图 7.10　电源断路器面板

6. 12 V 座舱电源

操纵台上有一个 12 V 座舱电源接口，安装位置如图 7.11 所示，它是由直接电源转换器将飞机 28 V 直流输入转换为 12 V 直流。安装有 G1000 综合航电系统的飞机，电源转换器位于驾驶舱仪表板后面，防火墙的右边，如图 7.12 所示。其他飞机的电源转换器位于飞机尾锥。电源转换器的输出用于需要 12 V 供电的用电设备。通过使用转换器旁接线盒上的 ON/OFF 开关，可以打开和关断转换器的输出。

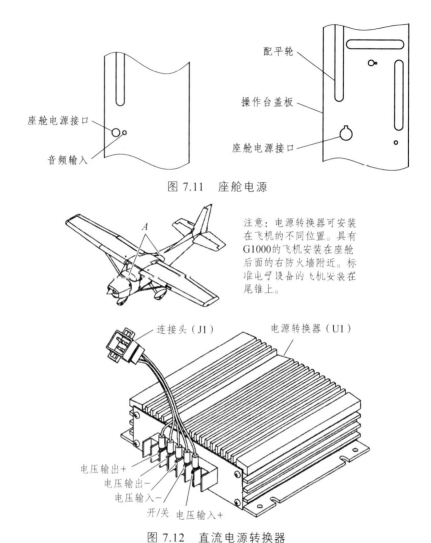

图 7.11　座舱电源

注意：电源转换器可安装在飞机的不同位置。具有G1000的飞机安装在座舱后面的右防火墙附近。标准电子设备的飞机安装在尾锥上。

图 7.12　直流电源转换器

7.2　灯光系统

赛斯纳172飞机灯光系统按安装区域分为机内照明与机外照明。机内照明按功能分为泛光灯照明、遮光照明、操作台照明、仪表照明、驾驶盘照明，机外照明包含导航和频闪灯、垂尾防撞灯、着陆灯/滑行灯、礼貌机翼灯。

7.2.1　机内照明

机内照明包括泛光灯照明、遮光照明、操作台照明、仪表照明、驾驶盘照明。

泛光灯照明-座舱的泛光照明由 3 个独立的位于顶板的带开关照明灯组成。遮光板照明来自 1 个安装在遮光板下面的白色氖管，用以提供仪表板的全部照明。

操作台照明——来自 1 个单独安装在操纵台上的管形照明灯，用于提供燃油选择器照明。

仪表照明——每个飞行仪表照明来自 1 个可更换的灯管组件。灯管组件位于仪表的顶部。

驾驶盘照明——位于机长驾驶盘左下表面，用于为飞行员腿部区域照明。

位于发动机油门杆左侧的两个同轴旋钮提供了机内 4 种照明的亮度调节，如图 7.13 所示。上面的旋钮用于调节无线电和仪表照明的亮度，外圈调节仪表照明亮度，内圈调节无线电照明亮度；下面的旋钮用于调节遮光板和操纵台照明的亮度，外圈调节操纵台照明亮度，内圈调节遮光板照明亮度。机内泛光照明的亮度是不可调的，地图灯的亮度由自身的可变电阻器调节。

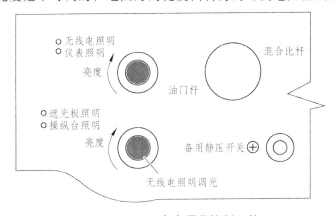

图 7.13　照明亮度调节控制开关

7.2.2　机外灯光

机外灯光包括航行灯、频闪灯、垂尾防撞灯、着陆灯/滑行灯、礼貌机翼灯。

1. 航行灯和频闪灯

飞机安装有两种发光强度的航行灯和脉冲频闪灯。航行灯位于飞机的左/右翼尖和尾锥上，按照国际照明委员会（CIE）规定的三色坐标系统表示航行灯的颜色，右翼尖的灯罩组件为绿色，左翼尖灯罩组件为红色，尾部灯罩组件为白色。频闪灯安装在两侧翼尖，和航行灯组合在一起，用于显示飞机的轮廓、识别飞机位置和运动方向、防止飞机之间发生碰撞。频闪灯接通后会定频周期性地闪烁，发出亮度较高的白色灯光。

2. 垂尾防撞灯

垂尾的防撞灯位于垂尾的顶部，是一个闪动的红色灯，用于飞机的识别。防撞灯断路器设置为 BCN 位置时开启，闪动频率大约每分钟 20 次。

3. 着陆灯/滑行灯

赛斯纳 172R 在左机翼前缘、172S 在左右机翼前缘安装有着陆灯和滑行灯，为组合式并列安装灯光，由电路断路器/开关控制。

4. 礼貌机翼灯

礼貌机翼灯位于两侧机翼下表面靠近舱门处，用于飞机在地面时舱门区域的照明。礼貌灯的控制开关不是单独的，由驾驶舱后舱顶灯开关控制。按下开关，礼貌灯亮；再次按压开关，礼貌灯熄灭。

7.3 其他设备

赛斯纳 172 飞机的空速管加温（见图 7.14）由位于开关和断路器板上的"空速管加温"开关控制。在飞机系统供电的情况下，打开这个开关即可对空速管进行加温。

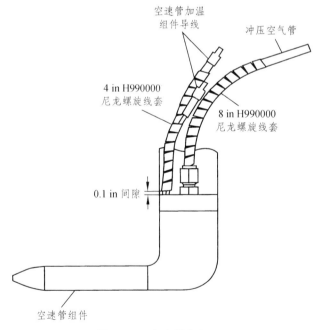

图 7.14 空速管加温器

7.4 用电负载

标准赛斯纳 172 飞机电子设备用电负载见表 7.1，表 7.1 的注释含义见表 7.2。

表 7.1 标准赛斯纳 172 飞机电子设备用电负载

设　备	24 V 直流的电流/A	28 V 直流的电流/A	注释
机翼导航灯	0.89	1.04	A
尾导航灯	0.87	1.02	A
翼尖防撞灯	0.99	0.85	A，T
尾部频闪灯	1.07	1.25	A，N
机翼下部礼貌灯	0.49	0.57	A
驾驶员顶灯	0.02	0.02	A，Q
旅客顶灯	0.02	0.02	A
电路断路器板灯	0.07	0.08	A，Q
开关板灯	0.07	0.08	A，Q
油门/襟翼板灯	0.07	0.08	A，Q
电子设备板灯	0.17	0.20	C，Q，D
备用指示器灯	0.03	0.04	A，Q
操纵台灯	0.04	0.05	A，Q
地图灯	0.08	0.09	C，Q
燃油泵	3.00	3.50	A，G
襟翼电机	2.06	2.40	B
空速管加温	3.33	3.89	A
12 伏座舱电源转换器	5.68	4.87	A，H，O
小时计	0.01	0.02	C，M
蓄电池继电器线圈	0.29	0.33	C
起动继电器线圈	0.85	1.00	C
发电机继电器线圈	0.29	0.33	C
发电机控制组件汇流条检测	0.02	0.02	A
发电机励磁	1.60	1.87	C，I
起动电机	86.0	无效	B
备用蓄电池主电压探测	0.001	0.001	A

设 备	24 V 直流的电流/A	28 V 直流的电流/A	注 释
备用蓄电池控制器	0.007	0.008	C
主汇流条电压探测	0.001	0.001	A
重要汇流条电压探测	0.001	0.001	A
主显示器（GDU 1040）	1.46	1.25	A，P
多功能显示器（GDU 1040）	1.46	1.25	A
航向姿态基准系统（GRS77）	0.29	0.25	A，P
大气数据系统（GDC74）	0.25	0.21	A，P
发动机/机身系统（GEA71）	0.20	0.17	C，P
导航 1（GIA63）	0.94	0.80	A，P
通信 1（GIA63）（接收）	0.22	0.19	A，J
通信 1（GIA63）（发射）	4.96	4.16	A，J
导航 2（GIA63）	0.94	0.80	A
通信 2（GIA63）（接收）	0.22	0.19	A，K
通信 2（GIA63）（发射）	4.96	4.16	A，K
音频板（GMA1347）	1.58	1.36	A
应答机（GTX33）	1.17	1.00	A
机舱风扇	0.28	0.33	A
主显示器风扇	0.08	0.09	A
多功能显示器风扇	0.08	0.09	A
后部电子风扇	0.43	0.50	A
ADF（KR87）	0.60	0.52	A

表 7.2　表 7.1 注释含义

注释	定 义
A	供应厂家提供的最大电流
B	以前负载分析报告的电流
C	一致设备测量的电流
D	电子面板照明包括自动驾驶仪和 ADF 显示
G	24 V 电压时，燃油泵电流最大 3 A
H	12 V 座舱电源转换器最大的限流为 10 A 输出，等效大约 5.50 A 的输入
I	60 A 的发电机的励磁电流最大 1.9 A。这包括发电机控制组件的电源

注释	定　义
J	计算如下，10 min 的飞行中有 1 min 的发射，天线的驻波比 1 : 3
K	计算如下，通信 2 处于 100% 的接收，通信 1 和通信 2 不能同时发射
M	每小时的平均电流为 0.015 A
N	尾部频闪灯 50% 的循环开关周期
O	转换器关，电流为 0.10 A
P	这里指的设备是重要汇流条（H1020）和/或电子汇流条 1（H1018）供电的设备。受到发电机工作的限制，给出了从电子汇流条 1 的所有的电源
Q	明暗控制转到全亮
R	主电源仅在这些用电负载关后工作：发电机主开关、电子汇流条主开关、所有的外部照明、通信 2、导航 2、音频和 12 V 座舱电源
S	计算如下，俯仰配平伺服和离合 25% 的工作时间
T	机翼防撞灯的峰值电流为 1.7 A，平均电流为 0.85 A

7.5　常见故障

7.5.1　断路器跳开

1. 故障现象

蓄电池和发电机开关闭合时，发电机励磁电路断路器跳开。

2. 故障原因

发电机中的二极管短路，发电机的"B"接头短路，发电机的励磁线圈短路，励磁导线短路，ACU 失效，发电机继电器短路，J-BOX 导线短路，J-BOX 与发电机开关之间的导线短路，电路断路器失效。

3. 处理流程

（1）断开发电机开关和"B"接头（发电机反馈导线）和发电机 BAT 接线柱上的滤波电容接头。当发电机开关闭合后电路断路器不再跳开，要检查滤波电容是否短路。必要时更换滤波电容。如果发电机开关闭合时，滤波电容是好的，电路断路器仍跳开，再安装"B"接头。

（2）检查"B"接头是否对地短路，如有必要，修理或更换"B"接头。

（3）如果"B"接头发现没有问题，从发电机的 FLD 接线柱上脱开励磁导线。如果电路断路器不再跳开，更换发电机；否则，再安装励磁导线。

（4）检查发电机和 ACU 之间是否有励磁导线对地的短路，必要时修理或更换励磁导线。

（5）如果励磁导线没用发现问题，脱开 J-BOX 内的 ACU 连接头，如果电路不再跳开，更换 ACU。

（6）再连接 ACU，脱开发电机继电器小接线柱上的红色导线，如果电路不再跳开，更换发电机的继电器。否则，再安装红色的导线。

（7）脱开 J-BOX 的 PB018 连接头。如果电路断路器不再跳开，检查从 JB018 的 C 插钉的红色导线到发电机继电器和 ACU 是否对地短路，必要时修理或更换。

（8）如果没有发现什么问题，检查发电机开关与 J-BOX 之间的发电机开关导线是否短路，必要时修理或更换。如果没有发现问题，就更换发电机励磁电路断路器。

7.5.2　发电机异常噪声

1. 故障现象

发电机产生异常的噪声，噪声随转速而变化，发电机停转时噪声消失。

2. 故障原因

滤波电容导线断开，搭地问题，发电机二极管短路。

3. 处理流程

（1）修理或更换滤波电容器。

（2）检查发电机、J-BOX 和搭地块是否正确的搭地。如果正常，检查在 JBOX 和发电机上是否有任何松动连接。

（3）如果正常，则断开蓄电池开关和拆下发电机"BAT"接线柱上的电缆。脱开蓄电池的负线。使用能检查二极管功能的数字万用表，把负线放置在发电机的"BAT"接线柱，正线放在壳体或"GND"接线柱上，万用表的读数应为 0.8 ~ 1.0 V。如果读数为一半，发电机上的二极管可能短路。反方向测试，表的读数应为开路。

（4）若测试发电机内部节电压异常，更换发电机。

7.5.3　低电压灯不灭

1. 故障现象

当发电机和蓄电池开关闭合时，低电压灯不灭

2. 故障原因

发电机上的"B"接头的接线断开，ACU 失效，到 ACU 和发电机继电器的线路掉电，继电器失效，发电机失效，励磁导线断路。

3. 处理流程

（1）更换"B"接头的接线。

（2）当发动机运转且发电机开关闭合时，检查汇流条的电压。如果 J-BOX 的电压等于或低于 24.5 V，ACU 应使低电压灯亮。如果低电压灯保持亮且电压指示等于或高于 26 V，更换 ACU。

（3）当发动机停止运转且发电机开关闭合时，检查发电机继电器正极导线连接的接线柱。如果电压为零，检查发电机开关导线是否断路或发电机的励磁线路是否断路。如果没有发现问题，检查发电机继电器的两个接线柱上的蓄电池电压，或检查发电机 FLD 励磁接线柱上励磁电压。

（4）如果励磁电压正确，更换发电机。否则，检查发电机与 ACU 之间励磁导线是否断路，必要时修理或更换。如果没有发现问题，更换 ACU。

7.5.4　发电机不能对蓄电池充电

1. 故障现象

发动机起动后，所有电气设备关断，充电在 1～3 min 内不能建立，发电机不能对蓄电池充电。

2. 故障原因

ACU 失效，发电机输出电压不足。

3. 处理流程

检查汇流条的电压。如果是 29 V 或更高，更换 ACU。

7.5.5　蓄电池不供电

1. 故障现象

蓄电池不能提供电源到汇流条或不能驱动发动机。

2. 故障原因

蓄电池已放电，蓄电池故障，蓄电池与主开关之间的导线或电气连接故障，接触器上的线圈断路，故障的汇流条接触，蓄电池接线柱与汇流条之间的线路故障。

3. 处理流程

（1）把 MASTER 和 TAXILIGHT 开关放在打开位，测量蓄电池接线柱之间的电压。正常充电的蓄电池将显示 23 V 或更高。

（2）如果电压低，检查蓄电池液面高度，并将蓄电池充电，大约 30 min 后测量蓄电池是否充电到 28 V。如果测试器显示蓄电池正常，则问题是蓄电池已放电。如果测试器显示蓄电池故障，则更换蓄电池。

（3）主开关闭合，测量在汇流条接触器上的主开关接线柱的电压压降。正常情况下，指示显示为零电压。如果得电压不为零，检查蓄电池接线柱与主开关之间的导线，检查主开关。如果电压读数为零，检查汇流条接触器上的蓄电池接线柱与主开关接线柱之间的电阻，通常为 50 ~ 70 Ω。

（4）如果欧姆表显示为线圈开路，更换接触器。如果欧姆表显示为正常，检查主开关与汇流条连接侧电压。如果电压为零或间歇为零，更换接触器。如果电压正常，检查接触器与汇流条之间的导线。必要时修理或更换导线。

第 8 章
通信/导航系统

赛斯纳 172 普通仪表型的飞机采用分立式航电布局,根据生产批次不同,所选装的通信导航设备不同,一般包括两部甚高频通信导航收发机、音频板、应答机、自动定向接收机等基本通信导航设备。此外,根据客户需求可以选装 GPS 接收机、测距机、自动驾驶仪等设备。早期的飞机大多选装 Bendix King 公司的航电产品,后期根据客户需求不同,可以选装 Garmin 公司的 GPS 接收机、应答机、通信导航收发机等。分立式航电布局的设备都安装在驾驶舱仪表板上,方便驾驶员操作。使用 G1000 综合航电的赛斯纳 172 飞机采用集成航电组件,在第 9 章进行介绍,本章以常见的赛斯纳 172 普通仪表型为例进行介绍。

8.1 通信系统

8.1.1 系统概述

飞机的通信系统用于飞机与飞机之间、飞机与地面之间的相互通信,也可用于机内成员之间的通话和客舱广播等。飞机的通信系统一般包括高频通信(HF)、甚高频通信(VHF)、飞行内话等。

赛斯纳 172 普通仪表型的通信系统只配备了甚高频通信,是一种近距通信系统,工作于 118.00 ~ 136.975 MHz 甚高频波段。电波的传播方式为空间波,由于其传播距离限于视线范围,故又称视距波。从频率的角度出发,该电波被称为甚高频电波;从波长的角度出发,甚高频电波又被称为超短波。对流层对超短波有折射作用,故甚高频电波的实际传播距离略大于视线距离。甚高频通信虽然通信距离较近,但是其抗干扰性能好。

该系统由 CI248 甚高频通信天线、CI2480 甚高频通信天线(组合了 GPS 天线)、KMA28 音频控制板和 KX155A 甚高频通信收发机组成。

8.1.2 系统组成部分

1. CI248 和 CI2480 甚高频通信天线

CI248 天线和 CI2480 天线并排安装在驾驶舱顶部机身外表面。两个天线外观上是一样的，区别在于 CI2480 天线内部组合了 GPS 天线，CI248 为单独的通信天线，如图 8.1 所示。

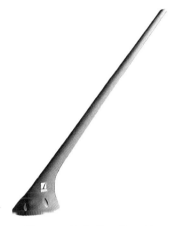

图 8.1　甚高频通信天线

2. KMA28 音频控制板

赛斯纳 172 普通仪表型飞机有独立的 KMA28 音频控制板。KMA28 音频控制板位于机长仪表板和副驾驶仪表板之间无线电板上的无线电设备架顶部，其外形如图 8.2 所示。KMA28 音频控制板是一个综合性集成音频板，包括了指点标和飞行内话。

图 8.2　KMA28 音频控制板

KMA28 音频控制板的电源开关为按压保持式，同时也是在接通状态下的音量调节旋钮。Com1 和 Com2 为瞬时按压式按钮，按压后会自动弹起，用于选择通信收发机。其他按钮均为按压保持型按钮，再次按下才会弹起，用于选择收听导航音频或选择机内扬声器。所有按压式按钮按下后，表示"该方式已被使用"的绿色信号灯会燃亮。

控制板电源开关/音量旋钮右侧的飞行内话开关有 3 个方式可以选择，分别为 ISO、ALL、CREW 方式。

置于 ISO 位：机长通信与其他机上成员之间隔离，其他成员只能有内话。

置于 ALL 位：机上所有成员均可正常使用通信收发机和内话。

置于 CREW 位：机长和副驾驶的通信被连接到一个单独的内话通道，可以使用通信收发机。

控制板右侧的通信方式选择开关有 6 个通信方式可以选择，分别为 Com1、Com2、Com3、Com1/2、Com2/1 和 TEL 方式。赛斯纳 172 普通仪表型飞机的Com3 和 TEL 方式没有启用。

置于 Com1 位：机长和副驾驶均使用 1 号通信收发机。

置于 Com2 位：机长和副驾驶均使用 2 号通信收发机。

置于 Com1/2 位：机长和副驾驶分别使用 1 号和 2 号通信收发机。

置于 Com2/1 位：机长使用 2 号通信收发机，副驾驶使用 1 号通信收发机。

KMA28 音频控制板使用自动降噪控制，无须人工调节，可使用单声道或双声道耳机。

3. KX155A 甚高频通信收发机

两部 KX155A 甚高频通信收发机分别位于无线电设备架的第三和第四层（第二层为 GPS 接收机）。KX155A 甚高频通信收发机的左半部分为甚高频通信收发机，右半部分为导航接收机，如图 8.3 所示。机器面板内置光电管，用于调节面板亮度。通信收发机左下角的旋钮既是电源开关又是音量调节旋钮，开机后拉出该旋钮还可以进行收发机自测试。通信收发机有频率预存功能，可以预存 32 个甚高频通信频率。按压 CHAN 按钮 2 s 可进入预存频率编辑模式。显示窗内的通信频率以数字格式显示。显示窗左半部分为当前使用频率，右半部分为备用频率。频率选择旋钮分为两个部分，大圈调节备用频率的整数数字部分，小圈调节小数点后的频率数字部分。顺时针调节数字增大，反之减小，为循环调节。小圈旋钮拉出后，小数点后的频率数字部分可按照 25 kHz的频率间隔调整。工作频率范围：118.00 ~ 135.975 MHz。

图 8.3　KX155A 甚高频通信收发机

备用频率窗口的频率在调节完毕后，可通过按压频率转换按键 转换至当前使用频率窗口，而当前使用的频率则被转换至备用频率窗口。

两个频率窗口之间可以显示发射或接收的状态。当按下发话按钮后，显示窗内显示闪烁的英文字母"T"；接收信号时，显示窗显示闪烁的英文字母"R"。连续发射 33 s 后会自动停止发射。使用通信设备后，应先关闭设备上的电源开关，再关闭电子设备电门和飞机主电门。

8.2 导航系统

8.2.1 系统概述

导航就是在一定条件下，以一定的准确度，在一定的时间段内，有目的地、安全有效地将飞机从一个地点引导至另一地点的飞行控制过程。这个控制过程是通过导航设备对飞机的位置、航向、距离、速度等参数的测量、监控进而引导飞机按照预定航线飞行而实现的。

赛斯纳 172 普通仪表型飞机的导航系统由 KLN94GPS 接收机、KX155A 甚高频导航接收机和指示器、KMA28 内置的指点标接收机、KT76C 应答机、KR87ADF 接收机组成。

8.2.2 系统组成部分

1. KLN94 GPS 接收机

KLN94 GPS 接收机位于无线电设备架的第二层，如图 8.4 所示。KLN94 GPS 接收机的覆盖范围为北纬 74°至南纬 60°。其采用高亮度彩色 LCD 液晶显示屏，抗强光照射能力强，即使是太阳光直射也能较方便地读取数据。具备彩色移动地图功能，可帮助飞行员观察和判断飞行航路的状况。其地图数据库内包含了河流、公路、湖泊、城市和铁路等地标。使用 Jeppsen®数据库，可提供机场、VOR 台、NDB 台、航路点和特殊空域等信息。按压面板左下角的旋钮可以打开或关闭设备，当显示屏变为全色后，旋转这个旋钮可以调节屏幕亮度。开机后屏幕逐步由单色转为全色进而变为彩色显示。随后将依次显示系统型号，具备 QuickTune 功能的文字说明和系统当前版本号。系统将会进行大约 50 s 的系统自检，然后显示自检页面。此时，按压 ENT 按键可以通过自检页面，之后将显示系统起始页面，再次按压 ENT 按键可以进入数据库页面。面板右侧的大圈旋钮用于选择进入导航页面类型选择，小圈旋钮用于在选定的导航页面类型内翻页。在系统没有供电的情况下，按压并保持 MSG 按键，然后为系统供电。当出现开机画面后，继续保持按压 MSG 按键 10 s，然后释放该按键 1 s 后再次按压这个按键。整个过程大约历时 15 s，随后系统将进入维护（MNT）页面。（其他页面用于飞行数据和状态显示，此处不作描述。）

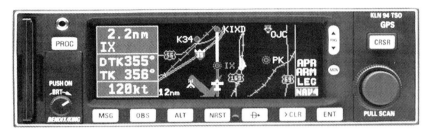

图 8.4　KLN94 GPS 接收机

如果 KLN94 GPS 接收机自带的外部构型模块和系统内存中的系统配置数据存在差异，进入维护（MNT）页面后将显示以下页面（反之不显示）：

CONFIGURATION

1. Copy Module to Unit?

2. Copy Unit to Module?

Select: 1　　　OK?

维护（MNT）页面共有 8 个分页面。其中维护 1（MNT1）分页面内包含 3 个子页面，均显示为 MNT＋1，其中每个 MNT＋1 子页面内都有 3 个选项可以人工修改。

（1）如图 8.5 所示，1＃MNT＋1 子页面的 3 个可更改选项为：

① 组件是否被验证为用于 IFR 或 VFR。

② 组件是否被验证为仅用于航线/终端 IFR，或既可用于航线/终端 IFR 亦可用于非精密进近。

③ 高度告警特性是有效还是抑制。设置完成后的操作在系统的 SET 13 页面完成。

First MNT +1 Page Format	Selection Choices	Default
IFR/VFR: IFR	IFR or VFR	VFR
IFR Apr/Enr: Apr	Apr or Enr (blank if line one above is VFR)	Enr
ALT alt: Enabled	Enabled or Disabled	Disabled

图 8.5　1＃MNT＋1 子页面的 3 个可更改选项

更改选项的方法：按压 CRSR 按键开启光标，旋转面板右侧的大圈旋钮将光标置于所需选项，旋转小圈旋钮更改选项，然后再次按压 CRSR 按键关闭光标。

（2）如图 8.6 所示，2＃MNT＋1 子页面的 3 个可更改选项为：

① KLN94 是否与燃油管理系统交联。

② 燃油管理系统是否带有可输入燃油油量的控制指示器（没有燃油管理系统则不可选）。

③ 飞机的完整燃油油量（没有燃油管理系统或燃油管理系统带有可输入燃油油量的控制指示器则不可选）。

选项更改方法同上。

Second MNT +1 Page Format	Selection Choices	Default
Installed Equipment		
Fuel Mgt Sys: Y	Y or N for yes or no	N
Fuel Mgt Ind: N	Y or N (this line blank if N is selected above)	N
Full Fuel: 0064	0000 to 9999 (this line blank if no fuel mgt sys or if fuel mgt sys has its own control/indicator)	0000

图 8.6　2＃MNT＋1 子页面的 3 个可更改选项

（3）如图 8.7 所示，3＃MNT＋1 子页面的 3 个可更改选项为：

① KLN94 是否配备有大气数据计算机。

② KLN94 是否装有备用应急电池。

③ 飞机汇流条电压低于以下值将使用备用应急电池（没有应急电池则不可选）。

选项更改方法同上。

Third MNT +1 Page Format	Selection Choices	Default
Installed Equipment		
232 Air Data: Y	Y or N for yes or no	N
Emerg Bat: Y	Y or N for yes or no	N
Use Bat: 10.2 V	0-33 V (this line blank if no emerg bat)	10.2 V

图 8.7　3＃MNT＋1 子页面的 3 个可更改选项

（4）MNT2 分页面显示 KLN94 的总操作使用时间和电源循环提供次数，这些参数在外场是不可设置的。

（5）MNT3 分页面用于校准飞机 HSI 或 CDI 提供给 KLN94 的 OBS 设置，以便 KLN94 可以读出飞行员选择的 HSI 或 CDI 读数。只有在 KLN94 与飞机的 HSI 或 CDI 解调器交联时才有必要配置该页面。

（6）MNT4 分页面用于设置汇流条监控电压和告警延迟时间，以便充电系统发生故障时可以提醒飞行员。设置告警延迟时间的目的是防止某些正常情况下的电压瞬时下降造成误告警，如收放起落架或襟翼时。

如果有符合告警设置条件的情况发生，消息页面将显示如下消息：

Low Bus Voltage

Check Charging System

电压监控告警特性可以在系统的 SET 9 页面上由飞行员开启或关闭，但是实际设置只能在 MNT 4 页面上完成。SET 9 页面显示的告警电压值就是 MNT 4 页面上设置的电压值，这个值在 MNT 4 页面上可以更改如图 8.8 所示。更改方法同 MNT＋1 分页面选项一致。

MNT 4 Page Format	Selection Choices	Default
Bus Monitor		
Alert Volt 12.8 V	0.0 - 33.0 V	10.0 V
Alert Delay 15 S	0 - 99 seconds	15 S

图 8.8　监控电压和告警延迟时间设置

确认告警电压的方法：重新供电以退出维护页面。起动发动机至慢车转速，进入系统的 SET 9 页面查看此时发电机提供给 KLN94 的最低实际电压，然后关车查看此时只靠蓄电池提供给 KLN94 的实际电压。告警电压应取这两个电压值的平均值。例如，发电机提供的电压为 13.8 V（SET 9 页面显示的值），蓄电池单独提供的电压为 12 V，则告警电压应为 12.9 V。如果飞行中电压低于这个告警值，系统发出一条告警提醒飞行员。需要注意的是，在发动机慢车时，此时发电机的输出电压比较低。为防止误告警，此时应在系统的 SET 9 页面上关闭告警特性（Alert Volt OFF）。

（7）MNT5 分页面用于设置 KLN94 的 QuickTune 输出数。设置后的操作在系统的 SET 14 页面上完成。

NAV　　　　　<u>1</u>　<u>2</u>　＿　＿

COMM　　　　<u>1</u>　<u>2</u>　＿　＿

（8）MNT6 分页面用于变更 KLN94 右侧显示的通告方式中的术语缩写。不过只允许变更以下两个术语缩写，如图 8.9 所示。

MNT 6 Page Format	Choice 1	Choice 2	Default Settings
Annun:	APR ARM	TERM	APR ARM
	APR ACTV	APR	APR ACTV

图 8.9　MNT6 分页面可变更的术语缩写

（9）MNT7 分页面用于选择标准 RS232 串行输出或增强型 RS232 串行输出。增强型 RS232 串行输出只用于 Bendix/King Skyforce KMD550 多功能显示器。

（10）MNT8 分页面有 A、B、C 3 种设置可供选择，为自动驾驶仪的参数选择，此处不作描述。

2. KX155A 甚高频导航接收机和 CI215 导航天线

甚高频全向信标系统 VOR 是工作于甚高频波段的近程区域性无线电导航系统，是由机载接收机和地面信标台组成的，可分为终端 VOR 信标和航路 VOR 信标。终端 VOR 信标设在机场区域，主要用于引导飞机进出港，配合 ILS 仪表着陆系统引导飞机着陆；航路 VOR 信标安装在飞机飞行航路上的各个导航点上以便引导飞机沿着航路飞行。系统工作于甚高频波段，VOR/LOC （航向信标）工作频率在 108.00 ~ 117.95 MHz。

可以利用两个 VOR 信标台实现 θ - θ 定位，或利用一个 VOR 信标台和一个测距 DME 信标台实现 ρ – θ 定位；可以沿选定的航路导航。

VOR 方位角（VOR 台的磁方位角）：以飞机所在位置的磁北方向为基准，顺时针转到飞机与 VOR 信标台连线之间的夹角。这是以飞机为观察点观察地面 VOR 信标台的角度。

飞机磁方位：以地面 VOR 信标台所在位置的磁北方向为基准，顺时针转到 VOR 信标台与连线飞机之间的夹角。这是以地面 VOR 信标台为观察点观察飞机的角度。

飞机磁航向：以飞机所在位置的磁北方向为基准，顺时针转到飞机机头纵轴方向之间的夹角。

相对方位角：从飞机机头纵轴方向顺时针转到 VOR 信标台与飞机连线之间的夹角。

由以上角度定义可知：

$$VOR \text{ 方位} = \text{飞机磁航向} + \text{相对方位}$$

$$VOR \text{ 方位} = \text{飞机磁方位} + 180°$$

KX155A 甚高频导航接收机与 KX155A 通信收发机组合在一起，面板布局如图 8.10 所示。电源开关、频率显示窗、频率选择旋钮和频率转换按键的功能与 KX155A 通信收发机基本相同，以下介绍不同点。

图 8.10　面板布局

（1）导航接收机面板左侧的电源开关拉出后为接收台识别码。右侧小圈旋钮拉出后可调整航道指示器的 OBS 预选航道。

（2）反复按压 MODE 按钮，可以使导航接收机在备用 NAV 频率、CDI、BEARING-TO、RADIAL-FROM、TIMER5 个显示模式之间切换，如图 8.11 所示。

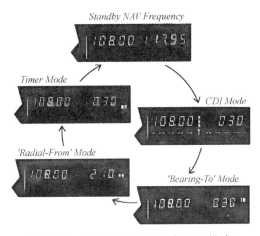

图 8.11　导航接收机的 5 个显示模式

（3）机器面板内置光电管，用于调节面板亮度。

（4）工作频率范围：108.00 ~ 117.95 MHz，频率间隔 50 kHz，200 个波道。其中 108.00 ~ 111.95 MHz 用于终端 VOR，共有 80 个波道，为 VOR/LOC 共用，其中十分位为偶数的频率有 40 个波道，是 VOR 工作频率；十分位为奇数的频率有 40 个波道，是 LOC 的工作频率。112.00 ~ 117.95 MHz 频率段用于航路 VOR，频率间隔 50 kHZ，共有 120 个波道，均为 VOR 工作频率。航向 LOC 和下滑 GS 频率是配对出现的，LOC 的频率一旦选定，则 GS 频率自动选择。

（5）导航接收机使用完毕后，应先关闭导航接收机上的电源开关，再关闭电子设备电门和飞机主电门。

（6）CI215 导航天线（见图 8.12）：安装在飞机的垂直安定面上（见图 8.13），使用一个天线耦合器将各路信号分隔，可完成 VOR/LOC/GS 的信号接收。

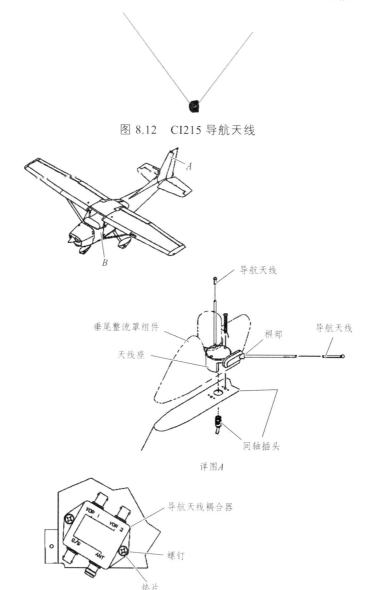

图 8.12　CI215 导航天线

图 8.13　CI215 导航天线安装和天线耦合器

3. KI208 航道指示器和 KI209A 下滑指示器

VOR 信标台可以向 360°方位辐射出无限多的方位线，或称径向线（Radial）。每条径向线表示一个径向磁方位角。飞行员通过指示器上的全向方位选择器 OBS 旋钮，选择一条待飞的径向线，称为预选航道。机载接收机输出的信息可以通过指示器指示沿着预选航道的飞行情况、飞向（To）或飞离（From）VOR 信标台、飞机偏离预选航道的方向和角度等情况。

KI208 航道指示器和 KI209A 下滑指示器位于机长内侧板，上面是 KI209A 下滑指示器，下面是 KI208 航道指示器，如图 8.14 和图 8.15 所示。

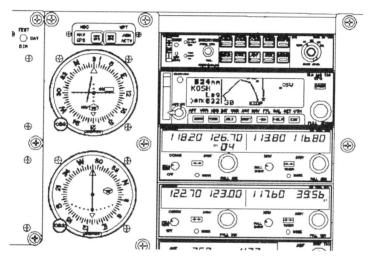

图 8.14　KI209A 下滑指示器和 KI208 航道指示器安装位置

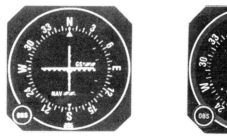

图 8.15　KI209A 下滑指示器和 KI208 航道指示器仪表

（1）KI208 航道指示器和 KI209A 下滑指示器的构造原理相同。

（2）KI208 航道指示器又称为航道偏离指示器（CDI）。没有下滑指示，只有航道偏离指示，主要用于在航路飞行时的航道偏离指引。与 2 号 KX155A 甚高频导航接收机交联，2 号 KX155A 甚高频导航接收机接收的 VOR 信号送到 KI208 指示器，指示飞机当前所处位置与预选航道的偏差。指针偏左，说明飞机在预选航道右侧；指针偏右，说明飞机在预选航道左侧。指示器左下角的 OBS 旋钮用于调节预选航道。指示器表盘上有向/背台（To/From）指示三角标志，三角标志指示向上为向台（To），向下为背台（From）。

（3）KI209A 下滑指示器与 1 号 KX155A 甚高频导航接收机交联。除具备 KI208 的功能以外，主要指示飞机近进过程中截获航向道和下滑道后，近进航路上飞机的水平和垂直位置信息。航向道指针偏左，说明飞机在航向道右侧；航向道指针偏右，说明飞机在航向道左侧。下滑道指针上偏，说明飞机在下滑道下方；下滑道指针下偏，说明飞机在下滑道上方。指示器左下角的 OBS 旋钮用于调节预选航道。带 NAV 和 GS 故障旗。NAV 旗上有向/背台（To/From）指示三角标志，三角标志指示向上为向台（To），向下为背台（From）。

向背台指示与飞机航向无关，只取决于预选航道方位和飞机所在 VOR 信标台的径向方位（Radial）之间的差角。当预选航道选定后，飞机可以沿着预选航道飞向（To）或飞离（From）VOR 信标台。在上述的两种情况下，偏离指示器（CDI）指示的偏左或偏右的指示是相同的，这会使得飞行员在判断上变得模糊，无法正确判断此时飞机是飞向（To）VOR 信标台还是飞离（From）VOR 信标台。向/背台指示器用于消除这种模糊性。例如，通过 VOR 信标台作一条与预选航道（45°—225°）的正交线 $A—B$，$A—B$ 线作为向/背台指示的分界线。如果预选航道的方位是 45°，飞机在 $A—B$ 线右上部分时，无论飞机航向如何均指示背台（From）；反之，飞机在 A B 线的左下部分时则指向台（To）。如果预选航道的方位是 225°，飞机在 $A—B$ 线右上部分时，无论飞机航向如何均指向台（To）；反之，飞机在 $A—B$ 线的左下部分时则指背台（From）。

4. KMA28 音频控制板内置的指点标接收机

指点信标系统主要用于对飞机在航路上的位置报告和在近进着陆阶段的距离判别。按照用途可以分为航路信标和航道信标。航路信标顾名思义安装在航路上，告知飞行员飞机正在通过航路上某些特定的地理位置。航道信标则用于飞机的近进着陆，用于报告着陆飞机距离跑道端头预定点（远、中、近指点信标上空）的距离。两种信标地面台发射垂直向上的扇形波束或倒锥形波束，以便飞机飞越信标台上空时可以被机载指点信标机接收。

指点信标台发射载频为 75 MHz，天线辐射的水平极化波，而调制频率和台识别码各不相同，以便识别飞机在哪个信标台上空。指点信标台的发射功率从几瓦到百瓦不等。高功率信标台用于外指点信标和航路指点信标，因为这里飞机的飞行高度较高。不论是航道指点信标或航路指点信标，机载信标接收机都是相同的。

航道指点信标台安装在沿着着陆方向的跑道中心线延长线上，包括外、中、内指点信标台。某些机场还装有反航道指点信标，用于飞机反航道进场。

赛斯纳 172 飞机普通仪表型机载指点信标接收机的安装位置同 KMA28 音频控制板，面板布局如图 8.16 所示。

图 8.16　指点信标接收机面板布局

（1）指点标接收机的显示和操作部分集中在 KMA28 音频控制板的左上角。由左至右为蓝、黄、白三色指示灯，分别代表远台、中台、近台。远台 400 Hz 音频，中台 1 300 Hz 音频，近台 3 000 Hz 音频。

（2）指示灯右侧的开关用于选择指点标音频的音调高低。有 3 个位置可供选择，分别为：HI、LO、T/M。

置于 HI 位：高音调。

置于 LO 位：低音调。

置于 T/M 位：指点标音频静音。

（3）按下音频控制板上的 MKR 按键可以收听指点标音频。

5. KR87 ADF 接收机和 KI227 ADF 指示器

自动定向机（ADF）又称为无线电罗盘。它可以通过接收地面的民用中波无线电广播电台或专用的地面导航台 NDB（无方向信标，是一个中波导航发射机）的信号来实现对飞机的导航。ADF 系统结构简单、可靠、使用方便，至今仍是各种飞机必备的一种导航设备。ADF 利用具有方向性的环形天线测量飞机纵轴方向与地面 NDB 台之间的相对方位，用测得的相对方位的变化判断飞机飞越导航台的时间，接收中波民用广播电台的信号等。工作频率为 190 ~ 1750 kHz，频率间隔 0.5 kHz。

KR87 ADF 接收机位于无线电设备架的第五层，其面板如图 8.17 所示。

图 8.17　KR87 ADF 接收机

（1）KI227 是一个单针 ADF 方位指示器，如图 8.18 所示。KR87 ADF 接收机接收 NDB 信号，通过 KI227 的指针直接指示 NDB 台的相对方位。指示器左下角的 HDG 旋钮用于选择预选航向，预选航向与 ADF 指针的夹角就是 ADF 方位。

图 8.18　KI227 ADF 方位指示器

（2）KR87 ADF 接收机机器面板内置光电管，用于调节面板亮度。电源开关旋钮同时也是接收机工作时的音量调节旋钮。KR87 是一个数字调谐固态 ADF 接收机。工作频率选择范围：200 ~ 1 799 kHz。

（3）"ADF"方式按键按下位为选择"ADF"方式，显示窗左侧显示"ADF"字样，KR87 具备正常 ADF 定向功能，KI227 指针指向所选台的 ADF 方位；再次按压弹起选择"ANT"方式，显示窗左侧显示"ANT"字样，环形天线无效，KI227 指针指示 90°，此时 KR87 相当于一个普通中波接收机。

（4）"BFO"差拍振荡器方式。按下"BFO"按键，显示窗中央显示"BFO"字样，同时可听到一个 1 000 Hz 的所选频率载波的音频，这样可以使 ADF 接收机更迅速地找到那些利用间歇载波作为识别的中长波台。

（5）显示窗左半部分显示当前使用频率，右半部分显示备用频率。"FRQ"方式按键按下后可以交换两个显示窗的频率，"FRQ"字样在显示窗中央显示。此时，可使用面板右侧的频率选择钮选择备用频率，大圈选择百位和千位，小圈推进选十位，拉出选个位。

（6）反复按下"FLT/ET"按键将在显示窗右半部分显示飞行时间 FLT 或发动机时间 ET。此时，可以使用面板右侧的频率选择钮选择当前使用频率。频率选择方法同（5）。

（7）"SET/RST"按键用于对 ET 时间的设置和复位。

（8）ADF 接收机使用完毕后，应先关闭导航接收机上的电源开关，再关闭电子设备电门和飞机主电门。

6. KT76C 应答机

应答机属于空中交通管制雷达信标系统（ATCRBS）的机载设备，与地面二次雷达配合工作，向地面管制中心报告飞机的识别代码、飞机的气压高度和一些特殊代码等。其分为 A/C 模式和 S 模式两种。A/C 模式应答机的地面设备是航管二次雷达系统（ATCRBS），S 模式应答机的地面设备是离散选址信标系统。

赛斯纳 172 普通仪表型装备一部型号为 KT76C 的 A/C 模式应答机。应答机与控制板组合在一起，天线位于机身外部机腹下。应答机接收地面二次雷达询问信号的频率为 1 030 MHz，发射代表飞机代号和高度的脉冲应答信号的频率为 1 090 MHz。

KT76C 应答机位于无线电设备架的第六层，如图 8.19 所示。

图 8.19　KT76C 应答机

（1）KT76C 是 A/C 模式应答机。显示窗左半部分显示气压高度，单位为"×100 ft"；右半部分显示飞机代码。

（2）面板左上角的 IDT 按下后可发射一个飞机位置识别脉冲（SPI）。脉冲持续（18±2）s，显示窗中央显示"R"字样。

（3）面板下部的 7 个 0～7 数字按键用于输入飞机代码。在 SBY、ON 和 ALT 方式下可进行输入。输入代码 3～4 s 后或直接按压 IDT 按键将发射代码。代码输入后将自动保存在机器的内存里。

（4）面板右部的方式选择开关有 5 个方式可供选择，分别为 OFF、SBY、TST、ON、ALT。

置于 OFF 位：设备关断。

置于 SBY 位：应答机处于供电准备状态，不能回答任何询问，高度显示窗空白，显示窗中央显示"SBY"字样。

置于 TST 位：应答机测试，显示所有显示窗可以显示的字符。在 TST 位置可以调节面板亮度，按压代码数字按键 0 减小亮度，按压按键 7 增加亮度，按压按键 4 恢复厂家初始设置亮度。

置于 ON 位：应答机处于正常工作状态，但只能报告 A 模式的飞机代码，模式 C 的高度报告信息被抑制。高度显示窗空白，显示窗中央显示"ON"字样。

置于 ALT 位：应答机处于正常工作状态，可以报告飞机高度和代码。此时，显示窗左半部分显示气压高度，右半部分显示飞机代码。显示窗中央左侧显示"FL"字样，中央显示"ALT"字样。

（5）在 ALT 方式下，高度选择范围是–1 000～62 700 ft。如果高度信息无效，高度显示窗将显示短划线。当高度显示窗显示短划线或空白时，高度报告无效。

（6）瞬时按压 VFR 按键，VFR 识别代码 1200 将替代当前的飞机代码显示在显示窗上，并在 4～6 s 后发射，表示此时飞机按照目视飞行规则飞行。将方式选择开关置于 SBY 位，通过代码输入按键可以设置 VFR 代码，输入后同时按下 IDT 和 VFR 按键退出。

（7）高度编码器配合 KT76C 应答机，如图 8.20 所示。

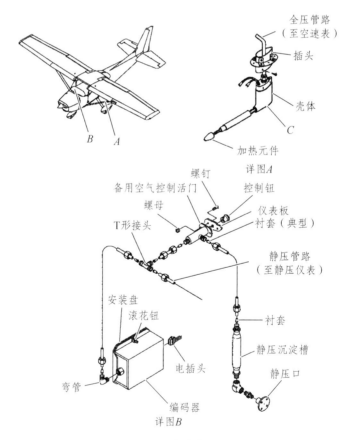

图 8.20　高度编码器

8.3 应急定位发射机

赛斯纳172飞机普通仪表型的Pointer3000-11应急定位发射机(Emergency Locator Transmitter，ELT)安装在行李舱内部（见图 8.21），用于飞机遇险后的搜救定位。ELT 远距人工控制开关安装在副驾驶仪表板上部（见图 8.22），以便飞行员对 ELT 进行远距控制。

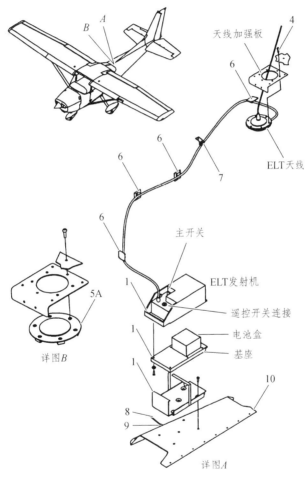

图 8.21　ELT 安装位置

ELT 发射机上的主开关为三位开关，中立位 OFF、左位 ON、右位 AUTO，如图 8.23 所示。正常情况下，开关应置于 AUTO 位，使得 ELT 发射机处于自动准备状态。同样地，驾驶舱远距人工控制开关也应置于 AUTO 位。ELT 可以通过内部重力开关和远距人工控制开关作动，或通过 ELT 发射机上的主开关接通。当 ELT 发射时开关灯燃亮，发射国际遇险呼救频率 121.5 MHz 和 243.0 MHz，121.5 MHz 频率向民用搜救系统发送遇险信号，243.0 MHz 向军用搜救系统发送遇险信号。日常维护工作中进行 ELT 测试之前，须严格按照有关规定进行申报，在得到批准后方可按照批准的时间、地点和有关程序测试 ELT。

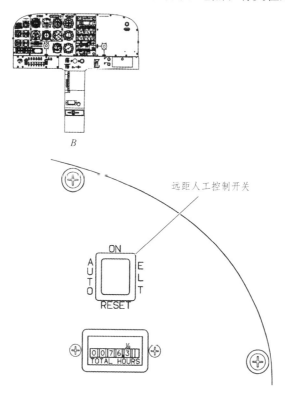

图 8.22　ELT 远距人工控制开关

（a）主开关

（b）远距人工控制开关

图 8.23　ELT 主开关及远距人工控制开关

赛斯纳 172 飞机 G1000 型安装的 ELT 为 ARTEX 公司生产的 ME406 型 ELT，发射频率为 121.5 MHz 和 406 MHz，其中 406 MHz 为卫星通信频率。ELT 安装在后客舱隔框壁的后面，尾部整流罩（尾锥）右侧。开关为两位的拨动开关，ON 和 ARM。右仪表板上的遥控开关也为两位。

测试时按下开关到 ON 位，保持大约 1 s，应听到 3 个周期的音频，同时开关上方 LED 灯闪亮。1 s 后将开关按到 ARM 位，注意 LED 将亮一下，伴随一声音频，表明系统控制电路测试正常。如果多次闪亮，表明系统故障。ELT 自动作动或人工接通时，发射 121.5 MHz 标准的音频音调，到电池用尽。每隔 50 s 440 ms，发射机将发射 406 MHz 信号供卫星接收，持续 24 h 后停止。正常情况下，发射机和仪表板上的开关都放到 ARM 位。

ELT 安装前需要编码，ICAO 规定的编码格式包括国家码+ELT 序号，或者营运人标识和序号，或国籍登记号，以及 S 模式应答机的 24 位地址码等。

第 9 章
仪表系统

仪表系统是飞行数据、发动机数据、导航数据的显示窗口，可为飞行员提供驾驶飞机所需的飞行参数、导航数据及飞机系统状态等信息，包含飞行仪表、发动机仪表和其他仪表。

飞行仪表是测定和显示飞行参数的工具，主要包含地平仪（也称为姿态仪或陀螺仪）、空速表、高度表、航向罗盘以及转弯侧滑仪、垂直速度表等。地平仪、航向罗盘、高度表、空速表是飞行中驾驶员所使用仪表中最重要的四块，呈 T 形布局位于主驾驶员正前方。由于地平仪显示飞机的姿态，而飞机姿态的变化会引起航向、高度、速度等变化，是各种飞行参数变化的源头，所以地平仪位于 T 形布局的中心位置。地平仪下方安装的是航道罗盘，指示着飞行的方向，地平仪的两侧分别装着空速表和高度表。

发动机仪表是测定和显示发动机参数的工具，主要包含发动机转速表、进气压力表、气缸头温度表、排气温度表、燃油流量表、滑油压力表、滑油温度表等。

其他仪表是飞机其他系统或设备使用的测量仪表，如燃油量表、襟翼位置表等。

赛斯纳 172 飞机的仪表系统经历了传统仪表向综合显示仪表的转变，因此当前在国内运行的赛斯纳 172 飞机包含了普通仪表型和 G1000 综合航电型。赛斯纳 172 普通仪表型仪表板使用传统的机械式显示仪表，利用指针在刻度盘上连续指示出测量的参数。判定某一具体数值时，需要飞行员连续观察一段时间才能准确读出。赛斯纳 172 G1000 型使用的 G1000 综合航电系统集成了通信、导航、GPS 等航空电子设备，通过计算机集中处理电子设备发送过来的数据，然后将姿态、大气数据、发动机和机体状态等数据以及地图、告警等信息显示在主飞行显示器（Primary Flight Display，PFD）和多功能显示器（Multi Function Display，MFD）上。PFD 在主驾驶前方，仍使用 T 形布局显示飞机的姿态、航向、空速和高度。MFD 在副驾驶前方，显示导航信息、飞机系统信息等。需要的时候，MFD 也可转换为 PFD。

9.1　仪表系统基础

9.1.1　全静压系统

全静压系统又称"空速管系统"，是指用来收集气流的全压和静压，并把它们输送给飞行仪表和传感器的一套系统，它由全静压器及其管路系统组成。全压自全静压器的正前方引入，静压自全静压器的侧壁小孔引入，也可取自机身前部侧壁的静压孔。赛斯纳 172 型飞机的全静压系统为飞机空速表提供动压和静压，为高度表和升降速度表提供静压，用于这些仪表的指示。

1. 系统组成

赛斯纳 172 型飞机全静压系统由空速管、静压源、备用静压开关以及相关供气管道组成。

（1）空速管：带加温的空速管位于左机翼前缘下部。赛斯纳 172 型飞机的空速管不带静压收集孔，只收集总压，其实质是一个总压管。在空速管加温跳开关闭合的情况下，只要打开飞机主电门，即可对空速管加温。

（2）静压源：单独的静压孔位于机身外部左侧、防火墙后方，单孔设计。

（3）备用静压开关：如果正常的静压孔被堵塞，可以打开位于驾驶舱内油门杆和混合比杆之间靠下部的备用静压开关。此时，系统的静压来源不再是外界大气，而是驾驶舱内部的空气。

2. 工作原理

赛斯纳 172 G1000 型飞机通过皮托管和静压孔获得全压和静压，获取的信息一路输给大气数据计算机为主用，另外一路直接用导管与空速表、高度表相连作为备用。

赛斯纳 172 G1000 型飞机全静压备用系统整体布局如图 9.1 所示。备用系统主要由全压管和静压管以及相应的飞行仪表（高度表和空速表）构成，如图 9.2 所示。动压系统传输冲压空气的压力到空速指示器，静压系统使升降速度表、高度表和空速表通过静压管连接到静压口与大气相通，如图 8.20 所示。静压源按钮处安装有一个静压管路沉淀槽，用于收集静压系统的冷凝水。大气数据计算机采集来自皮托/静压系统和各种感应器的信息，然后将压力、高度、空速、垂直速度、OAT（外界大气温度）信息传送给 G1000 系统。

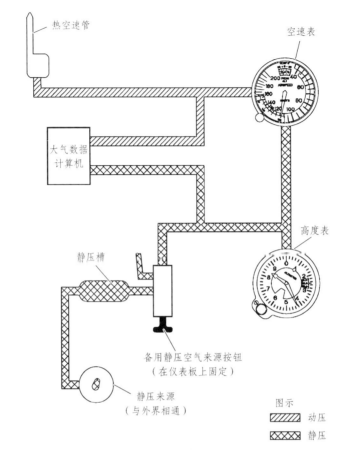

图 9.1　动静压系统

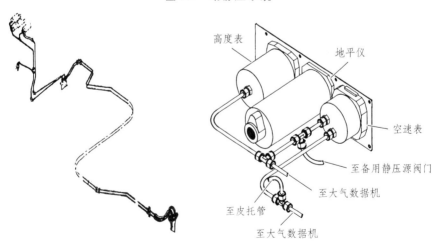

图 9.2　备用系统整体布局及飞行仪表

3. 全静压系统故障

全静压系统正常工作是高度表、升降速度表、空速表和自动驾驶仪（如安装有）正常工作的前提。在飞行中，这些必须使用的仪表指示对飞机安全操作至关重要。应确保全静压系统清洁、仪表和系统的所有部件与飞机连接固定良好，空速管和静压口必须保持清洁和通畅，无堵塞。全静压系统可能出现以下故障。

1）静压管泄漏

因为赛斯纳 172 G1000 型飞机无增压，在飞行期间，静压管在破口处由于文氏管静效应导致气流流速稍快，从而使静压管内部静压比正常的压力偏小，高度指示会偏大。由于全压不受影响，则动静压差稍有增加，空速表指示会比正常稍高一些。

2）全压管泄漏

全压管泄漏仅影响空速表的指示，高度表不受影响。同样由于赛斯纳 172 G1000 型飞机无增压，故当全压管泄漏时，此时全压和静压压差降低，空速表指示减小。

3）全压管和静压管同时泄漏

全压和静压趋于相同，空速指示为 0。

4）静压管堵塞

当静压孔被堵塞时，静压保持恒定，空速表、高度表都会受到影响，具体指示将发生如下情况：

（1）当飞机以一定速度爬升时，因为高度增加，大气密度降低，导致全压逐渐减小，全压与静压之差变小导致动压减少，则空速表指示减少；静压不变所以高度表指示维持不变，不能正确指示飞机高度。

（2）当飞机以一定速度下降时，因为高度降低，大气密度增加，导致全压逐渐增大，全压和静压之差变大导致动压增加，空速表指示增大；静压不变高度表指示维持不变，不能正确指示飞机高度。

（3）全压管完全堵塞。

当空速管完全堵塞时，全压不会跟随飞机状况及外部大气条件发生相应的变化而保持不变，使得飞机测出的动压值是错误的，空速与动压直接相关受到影响。高度只取决于静压，静压不受影响所以高度表指示正常。

（4）全压管堵塞排泄孔畅通。

当全压孔堵塞，但全压管上的排泄孔畅通时，全压管内的压力减少到静压值，从而使动压为 0，因此空速表的指示为 0。

赛斯纳 172 G1000 飞机全静压系统结构较为简单，部件也不多。对全静压系统渗漏测试时，要保证外部测试设备的密封性良好。

9.1.2 真空系统

真空系统是用于提供真空源，驱动备用地平仪工作的组件和部件。真空系统由过滤器、真空度计、真空仪表、调节活门、真空支管（装有 G1000 的飞机上没有）、低真空信号灯开关、发动机驱动的真空泵和相关管路组成，如图 9.3 所示。在装有 G1000 的飞机上，真空压力由在发动机舱的低真空（VAC）信号灯开关来指示。在仪表板上的真空度计指示真空压力。具有 G1000 的飞机，真空空气的来源是在座舱，通过发动机驱动的真空泵抽出空气。真空压力由压力传感器测量。真空度由位于防火墙后面的真空调节器活门来控制。

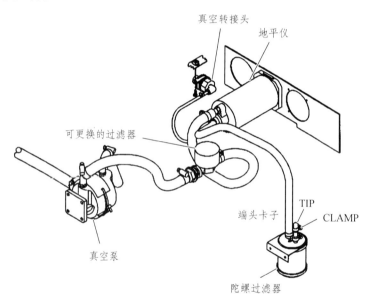

图 9.3 真空系统

如果左真空开关（SN012）感受的真空低于 3.0 inHg[①]，VAC 信号灯将显示 L VAC。如果右真空开关（SN011）感受的真空低于 3.0 inHg，VAC 信号灯将显示 R VAC。如果两个开关感受的真空都低于 3.0 inHg，VAC 信号灯将显示 L VAC R。

---

① 1 inHg=3.386 kPa。

真空系统常见故障见表 9.1。

表 9.1　真空系统常见故障

故障	可能原因	措施
滑油流出	发动机驱动密封损坏	更换衬套
高真空度	真空调节过滤器堵塞	检测过滤器是否有堵塞
低真空度	真空调节器渗漏	更换真空调节器
	真空泵故障	更换真空泵
低压力	真空调节器渗漏	更换安全活门
	真空泵故障	更换真空泵

9.2　赛斯纳 172 飞机普通仪表型

9.2.1　普通仪表型仪表板

赛斯纳 172 飞机普通仪表型仪表板为全金属结构，并且分组设计，这样可以在不拆卸整个面板的情况下就可以拆卸相关的仪表、电门以及控制组件。仪表板分为左侧仪表板、中央仪表板和右侧仪表板，如图 9.4 所示。

左侧仪表板位于主驾驶员前面的一个单独的面板上。仪表以基本的 T 形布局设计。地平仪位于左座飞行员正前方，在操纵杆的正上方。空速表和高度表分别位于陀螺仪的左右两侧。其余飞行仪表都聚集在"T"形周围。T 形仪表左侧是一块辅助面板，包括了左/右燃油油量表、滑油温度和滑油压力表、真空度表/电流表、EGT/燃油流量表、数字显示式时钟/外界大气温度表，以及电子设备断路器板。在信号牌上有一个红色的滑油压力(OIL PRESS)警告灯。当滑油压力低时，该信号灯亮。T 型仪表右侧是一块辅助面板，它包含了发动机转速表和各种导航航向仪表。左侧仪表板下方是飞机系统和设备的断路器和电门。总电门、电子设备总电门和点火电门也位于该面板的这一区域。停留刹车控制位于电门与断路器面板下方。

中央仪表板是纵向排列的各种电子设备。这样排列允许不通过面板后面而直接拆卸每一部件。中央仪表板下方是油门、混合比、备用静压源和灯光控制。

右侧仪表面板包括计时器、ELT 电门，以及其他指示器和电子设备的预留空间。在该面板的下面是地图盒、座舱加温和座舱空气控制，以及襟翼电门。

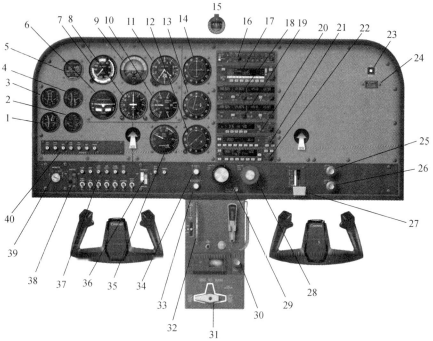

1—滑油温度和滑油压力表；2—真空度表和电流表；3—燃油油量表；
4—排气温度（EGT）/燃油流量表；5—数字时钟/外界大气温度表；
6—转弯侧滑仪；7—空速表；8—航向指示器；9—地平仪；10—升降速度表；
11—高度表；12—ADF 方位指示器；13—下滑道指示器；14—航道指示器；
15—磁罗盘；16—音频控制板；17 GPS 接收机；18—1 号导航/无线电通信；
19—2 号导航/无线电通信；20—ADF 接收机；21—应答机；
22—自动驾驶仪（未选装的飞机无）；23—ELT（应急定位发射机）测试按钮；
24—飞行计时器；25—座舱加温控制；26—座舱空气控制；
27—襟翼电门和位置指示器；28—混合比控制杆；29—油门控制杆；
30—燃油关断活门控制杆；31—燃油选择活门；
32—升降舵配平控制轮和位置指示器；33—遮光板和操纵台照明亮度控制；
34—无线电和面板照明亮度控制；35—转速表；36—电子设备总电门；
37—断路器和电门/跳开关；38—总电门；39—点火电门；
40—电子设备断路器面板。

图 9.4　赛斯纳 172 普通仪表型仪表板

9.2.2　飞行仪表

　　赛斯纳 172 普通仪表型最重要的 6 块飞行仪表为空速表、高度表、升降速度表、地平仪、航向指示仪和转弯侧滑仪。空速表、高度表和升降速度表这 3 块仪表连接到飞机动静系统，依靠皮托管来测量飞机在空气中前进时的动压，并依靠静压口来测量飞机上升或下降高度时的静态外部大气压，通过动压和静压指示飞机状况的变化。地平仪、航向指示仪和转弯侧滑仪则是利用陀螺惯性原理制造的精密飞行仪表，通过飞机相对陀螺仪的变化，指示飞机飞行状态的变化。

1. 地平仪

地平仪也称为姿态指示器（attitude indicator）、陀螺地平仪（gyro horizon），该飞行仪表显示了飞机相对于地平线的位置。该仪表中心是一个微型飞机图标，代表真实飞机的姿态。飞机后面是一个球，上半部分是蓝色，代表天空，下半部分是棕色，代表地面，交界线为地平线，如图9.5所示。当飞机在空中飞行时，这对机翼将显示飞机倾斜和俯仰姿态的程度。地平仪是一种陀螺仪仪器，它使用陀螺仪来稳定与自然地平线的平行。姿态指示器中心的微型飞机将围绕地平线线条俯仰和倾斜，以指示飞机相对于地平线的当前姿态。在地平仪观察微型飞机的状态，可判断飞机是在爬升还是下降，或者是水平飞行。地平仪提供一个可调节旋钮，可以用它来调节微型飞机图标对应于地平线的上下位置，以配合飞行员的视线。通常的，微型飞机被调节为平直飞行时机翼交叠在地平线上。

图 9.5　地平仪

2. 航向指示器

航向指示器，又称为陀螺方位仪，是利用陀螺特性制成的一种指向仪器，如图9.6所示。航向指示器利用陀螺仪的稳定性，通过重力控制和水平控制来克服由地球自转引起的陀螺主轴在方位和高度上的视运动，从而让陀螺主轴相对于地球保持稳定不动。航向指示器主要由陀螺仪和指示机构组成，陀螺仪是航向指示器的核心部件，其负责保持主轴的稳定，指示机构则用于显示主轴的当前方向。由于航向指示器本身没有阻尼装置，不具备自动找北的能力，因此在使用航向指示器的时候，需要通过磁罗盘将其主轴调整到指北的方向，然后就可以从刻度盘上读出航向。为了确保航向指示器的准确性，需要定期对其进行维护和校准，在使用过程中如果发现有较大的误差，应及时根据磁罗盘的指示进行调整校准。航向指示器的精度受到多种因素的影响，如地球自转、飞机运动等，因此在使用过程中应注意观察其变化情况，并及时进行校准和维护。

图 9.6　航向指示仪

3. 空速表

空速表显示飞机在空中的速度，这个速度不是相对地面测量的速度，是空气流过飞机的速度。表盘通常以海里为单位进行校准。空速表与皮托管相连，为了读取空气中的速度，空速表测量皮托管中动压与静压的大气压力之间的差值。当飞机静止在地面上时，两个动静压系统中的压力将相同，读数为零。当飞机在空中飞行时，皮托管系统中的动压将增加，显示读数。指示空速（IAS）是仪表正面显示的读数，空速指示器顶部和底部的小窗口用于确定真实空速（TAS）。空速表显示指示空速（IAS），需要进行调整以计算校准空速（CAS）和真实空速（TAS）。

速度范围和限制标记在空速表上（见图 9.7），通常仪表上的绿色弧线表示正常工作空速范围，红线标记的速度是不可超越速度，否则可能会发生结构损坏。黄色弧线标记的速度范围是警告速度范围，黄色弧线指示的速度范围仅适用于平稳空气。白色弧线是襟翼操作速度范围，襟翼只能在这个速度范围内使用。

图 9.7　空速表

4. 高度表

高度表测量飞机相对海平面的高度。因地面标高变化很大，高度表读数不是测量的相对地面高度，而是测量海平面以上的高度。飞行员必须知晓地面高度，然后计算飞机离地面的高度。与时钟类似，高度表有三个指针，最外层到最里层分别为百英尺、千英尺、万英尺指针，如图9.8所示。

图 9.8　高度表

5. 转弯侧滑仪

转弯侧滑仪是用来指示转弯方向、转弯快慢和侧滑方向、侧滑程度的组合仪表，由转弯仪和侧滑仪两部分组成，如图9.9所示。转弯仪是另一种陀螺仪表，指针偏转的方向，表示飞机转弯的方向，指示偏转角的大小，表示飞机转弯角速度的大小。侧滑仪由一个弯曲玻璃管和一个小黑球组成。当飞机平飞时，小球受重力的作用，停在管子的中央。飞机转弯时若无侧滑，由于没有侧向力作用，小球仍保持在管子的中央。若转弯动作不正确，发生侧滑，就产生侧向力，使小球滚向玻璃管的一端。所以，从小球偏离管中央位置的距离和方向，可以看出飞机侧滑的程度和方向。

图 9.9　转弯测滑仪

6. 升降速度表

爬升率和下降率显示在升降速度表上，以英尺/分钟为单位测量，以百英尺/分钟为单位显示，如图9.10所示。升降速度表测量垂直速度（爬升率），该仪器连接到静压系统。随着高度的变化，会有一个标准大气压变化，这个标准大气压的变化率被校准以测量飞机的高度和变化率。飞行员依靠高度计和升降速度表来监测高度和高度变化。升降速度表向飞行员显示飞机是在稳定的高度飞行，还是在上升或下降，以及高度变化率（ft/min）。

图 9.10　升降速度表

9.2.3　发动机仪表

发动机仪表系统用于测量和指示发动机参数，以便飞行员监控发动机系统的功能是否正常。同时，也用于为机务人员地面试车、排故提供数据指示依据。发动机仪表系统由驾驶舱仪表部分和安装在发动机上的传感器部分组成。传感器用于测量有关发动机参数，驾驶舱仪表用于这些被测量参数的指示。

赛斯纳172普通仪表型发动机传感器分为转速传感器、排气温度传感器、滑油压力传感器、滑油温度传感器、燃油油量传感器和燃油流量传感器。驾驶舱仪表分为转速表、排气温度/燃油流量表、滑油压力/温度表、燃油油量表。赛斯纳172普通仪表型没有进气压力表和气缸头温度表。

1. 转速表

转速表的刻度盘以 100 r/min(RPM)为增量来指示发动机和螺旋桨转速，如图9.11所示。转速的正常指示范围为 1 900 ~ 2 400 r/min，即表盘上的绿区。

图 9.11　转速表

在转速表的下部有一个由发动机转速控制的小时计，用于记录发动机的使用时间。该小时计的最小计量单位是 0.1 h。

转速表的数值来自转速传感器（见图9.12），其安装位置如图9.13所示。

传感器感受发动机转速，通过转速驱动软轴将发动机转速信号传递至转速表进行指示。

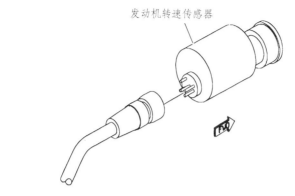

图 9.12　转速传感器

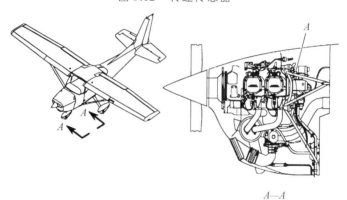

图 9.13　转速传感器安装位置

2. 排气温度与燃油流量表

排气温度与燃油流量表是一个组合式发动机仪表，表盘左侧为排气温度（EGT）指示部分，右侧为燃油流量指示部分，如图 9.14 所示。

图 9.14　排气温度与燃油流量表

排气温度刻度以 25℉为增量。排气温度是发动机工作状况最直接的表征，赛斯纳 172 飞机的经济性很大程度上取决于排气温度。影响排气温度的主要因素就是燃料的完全燃烧程度，排气温度越高，燃烧越充分，发动机效率越高。但是，排气温度也不能太高，太高会损害发动机零件。太低也不行，太低代表燃油燃烧不充分，会在火花塞上产生积碳。在飞行中，排气温度指示主要用于飞行员进行"调贫"或"调富"的参考。不同于汽车发动机工作于二维平面，飞机发动机在三维空间工作，高度的变化将导致进入气缸的空气含氧量降低。为了保证发动机中燃油和空气的比例合适，飞行员要依据飞机高度变化和发动机工作状态，调节发动机的燃油供应量，确保燃油和空气始终处于最合适的比例。当发动机排气温度达到最高值，燃油和空气就处于最合适的比例。一般情况下，调节至最合适比例后，再将发动机混合比调节杆向"调富"的方向移动一点点，以减少燃油供应量波动对功率的影响。排气温度指示的信号来源于热电偶探头，其热端安装在排气管内部（见图 9.15），用于感受排气温度，冷端安装在表头一侧。根据热电偶的特性，如果冷端和热端之间存在着温度差，则电路中会相应地产生热电势，该热电势与温度差成正比。温度差反映了排气温度的变化，通过测量热电势可以间接反映排气温度的变化，将该热电势信号传送至驾驶舱排气温度表即可显示排气温度。

在日常飞机维护中特别注意，热电偶回路中的电阻在出厂时是经过预调的，是一个相对固定的数值。所以在安装或更换时不可随意剪短导线，否则会影响测量精度。

燃油流量表的表盘刻度增量为 US gal/min，正常指示范围（绿区）：0 ~ 11 US gal/min。赛斯纳 172 普通仪表型的燃油流量传感器是一个压力传感器，即通过测量燃油压力然后转换为燃油流量进行指示。燃油流量传感器通过传压管与燃油分配器相连（见图 9.16），将燃油压力转换成电信号并送至指示器显示。

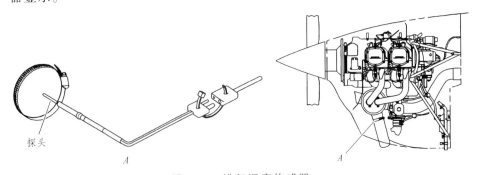

探头

A　　　　　　　　　　A

图 9.15　排气温度传感器

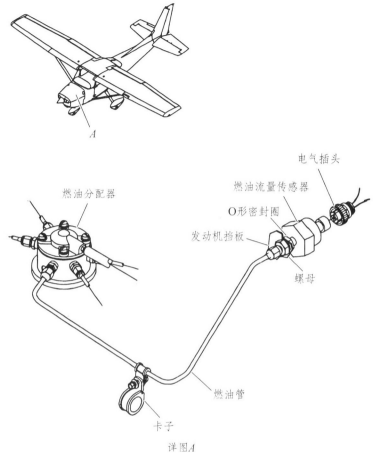

图 9.16　燃油流量传感器

3. 滑油压力与滑油温度表

滑油压力与滑油温度表也是一个组合式发动机仪表。表盘左侧为滑油温度指示部分，右侧为滑油压力指示部分，如图 9.17 所示。滑油温度的正常指示范围为 100～245°F，即绿区。滑油压力指示范围为 20～115 psi，正常指示范围（绿区）为 50～90 psi。发动机滑油收油池容量为 8 quart。

滑油压力传感器位于发动机机匣右上方的滑油压力管路上，它感受的滑油压力信号用于驾驶舱滑油压力指示。另有一个滑油压力测量点是滑油低压电门，位于发动机附件箱后部右上方（见图 9.18），它感受滑油压力的变化，用于监控滑油压力是否正常。当滑油压力低于门限值时，将触发警告信号以提醒机组滑油压力正处于一个危险的状况；当滑油压力高于这个门限值时，

滑油温度传感器

图 9.19　滑油温度传感器

4. 燃油油量表

　　燃油油量表左侧为左油箱油量指示，右侧为右箱油量指示，单边最大可指示 26 US gal，如图 9.20 所示。燃油油量传感器介绍见"燃油系统"章节。

图 9.20　燃油油量表

9.2.4　其他仪表

1. 真空度与电流表

　　真空度与电流表是一个组合仪表，左边为真空度指示，右边为电流指示，如图 9.21 所示。赛斯纳 172 飞机的陀螺系统是真空驱动的，因此真空度的状态直接影响地平仪、航向指示仪和转弯侧滑仪的指示。应密切关注这个仪表的指示，如果真空度不在绿区，则地平仪、航向指示仪和转弯侧滑仪的指示均不准确。

图 9.21　真空度与电流表

　　电流表中间是零位，向上是向蓄电池充电，向下则是蓄电池在放电，电流大小直接读出即可（单位是毫安）。

2. ADF 方位指示器、下滑道指示器、航道指示器

ADF 方位指示器、下滑道指示器和航道指示器的详细介绍见第 8 章。

9.3 赛斯纳 172 飞机 G1000 型

9.3.1 G1000 综合航电系统简介

赛斯纳 172 使用的 G1000 综合航电系统由美国佳明公司（GARMIN）制造。佳明成立于 1989 年，由加里·布瑞尔（Gary Burrell）和高民环（Min H. Kao）共同创立，创办之初称为"ProNav"，有"专业的导航器"之意，1991 年更名为"GARMIN"，该名称来自两位创始人名字"Gary"和"Min"的前三个字母组合。目前，其已成长为全球最大的卫星定位导航（GPS）系统制造商，其产品覆盖航空、航海、车用、运动户外和智能穿戴等市场。

1991 年，佳明推出了专门用于目视飞行的导航器 GPS100，1994 年推出的 GPS155 是世界上第一个获得 FAA 认证的全球定位系统导航产品（FAA TSO-C129，A1 级），飞行员首次能够利用 GPS 系统作为其主要导航系统。1998 年，佳明推出了集成 GPS、COM、VOR、LOC，并配有彩色移动地图的 GNS 430。2006 年，GNS 430 和 GNS 530 获得广域增强系统（Wide Area Augmentation System，WAAS）认证。2003 年，佳明推出只有两个屏幕的 G1000 综合航电系统，由赛斯纳飞机公司在其奖状野马（Citation Mustang）飞机上首次安装使用。由于其良好的综合性能，G1000 综合航电系统迅速在通用航空器上普及，赛斯纳、派珀、西锐等通用航空器制造商均在自己生产的航空器上使用。自推出以来，G1000 这种一体化的航电系统不仅通过减少飞行员的工作量带来了安全性的大大提升，还使各类通用航空器迅速普及复杂的航电系统。随后，佳明推出了更先进的 G2000、G3000 和 G5000 以及带触摸屏的 GTN 650 和 GTN 750，当前新版本的 G1000 NXi 已作为 G1000 的最新替代者发布。

赛斯纳 172 使用的 G1000 综合航电系统的主要部件包括 2 台完全相同的飞行显示器（PFD 和 MFD，GDU 1040），1 部音频控制板（GMA 1347），2 部集成电子组件（GIA 63），1 部姿态航向基准系统组件（GRS 77），1 部磁传感器（GMU 44），1 部大气数据计算机（GDC 74A），1 部机体/发动机接口组件（GEA 71），1 部模式 S 应答机（GTX 33）。在姿态航向基准系统组件、大气数据计算机和机体/发动机接口组件的插头上各装有一个存储 G1000 系统数据的构型模块，在 PFD 的插头中装有一个存储特定机体信息的主构型模块，其他部件包括 G1000 系统备用蓄电池和系统相关的传感器。

佳明公司在设计 G1000 综合航电系统时，已考虑到了该系统维护的便捷性，每个模块均可单独拆卸，并提供了 G1000 飞行员指南（ G1000 Pilot's Guides ）和 G1000 航线维修手册（ G1000 Line Maintenance Manual ）指导维修人员完成日常维修工作。

赛斯纳 172 飞机的 G1000 综合航电系统交联简图如图 9.22 所示。系统的核心为 GIA63 集成电子组件，它负责采集和处理系统中其他设备的数据和输入的控制指令，并将处理后的信号送到 PFD 和 MFD 进行显示。在 PFD、MFD 显示器和 2 部 GIA63 集成电子组件之间采用高速以太网数据总线方式传输数据，系统内部交联和采集外部信号的数据格式包括 ARINC 数据总线和其他多种数字、模拟、离散方式的信号。

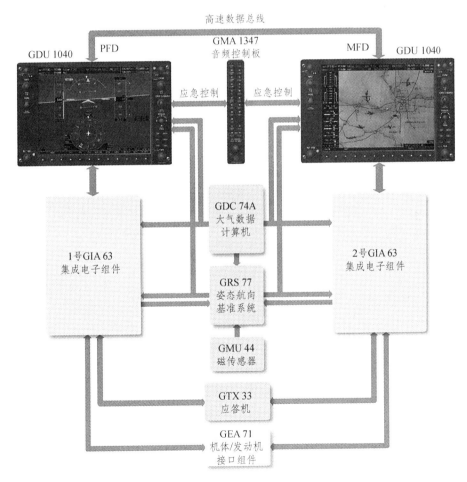

图 9.22　G1000 系统交联简图

9.3.2 G1000 综合航电系统仪表板及系统部件

G1000 综合航电系统仪表板如图 9.23 所示。

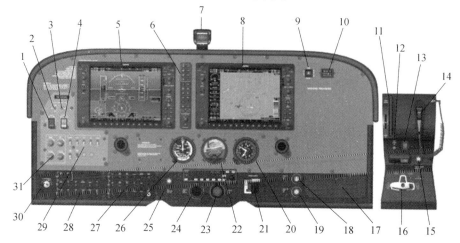

1—总电门；2—备用蓄电池电门；3—备用蓄电池测试指示器；4—电子设备电门；
5—主飞行显示器（PFD）；6—音频控制板；7—磁罗盘；8—多功能飞行显示器（MFD）；
9—ELT 遥控电门/信号灯；10—飞行计时器；11—升降舵配平控制轮和位置指示器；
12—辅助音频输入插孔；13—12V/10A 电源插座；14—手持式麦克风；
15—燃油关断活门控制杆；16—燃油选择活门；17—地图盒；18—座舱加温控制；
19—座舱空气控制；20—备用高度表；21—襟翼电门和位置指示器；
22—备用地平仪；23—混合比控制杆；24—油门控制杆；
25—备用静压活门控制器；26—备用空速表；27—断路器面板；
28—汇流条断路器面板；29—电气电门面板；30—点火电门；
31—照明亮度调节面板。

图 9.23　赛斯纳 172 G1000 系统仪表

1. 飞行显示器

飞行显示器是 G1000 系统最重要的组成部分，在座舱仪表板上安装有两台具有完全相同硬件的飞行显示器（GDU 1040），为 10.4 英寸、具有 1024×768 分辨率的液晶显示器，如图 9.23 所示。主飞行显示器（PFD）位于左侧，多功能显示器（MFD）位于右侧。MFD 显示导航信息和发动机/机身的工作参数，PFD 代替传统的陀螺仪表，显示主飞行信息。飞行仪表在 PFD 上呈基本的 T 形布局，姿态指示和水平状态指示在 PDF 的中央，并以传统的方式显示和工作。有固定指针和数字显示的垂直带状（滚动刻度）指示器显示空速、高度和垂直速度，代替了有弧度刻度旋转指针的模拟指示器。两个飞行显示器组合在一起显示飞行期间 G1000 系统的所有功能。它们之间，以及与集成电子组件之间通过高速数据总线（HSDB）以以太网方式连接，以实现相互的通信。

　　旋钮、旋钮组（同一个轴上有两个旋钮）、薄膜按压式按钮电门位于 GDU 1040 显示器的边框上，如图 9.24 所示，详细解释见表 9.2。它们控制通信、导航、应答机、全球定位系统（GPS）电子设备，设置大气压、航道、航向以及进行各种飞行管理功能。物理按钮电门（硬键）只用于特定的功能，屏显按键电门（软键）功能由软件定义。屏显按键在不同时候根据计算机软件的设定具有不同的操作或功能，这些按键位于 GDU 104X 显示器边框的底部。每个飞行显示器的右侧都有两个 SD 卡插槽，下部插槽专供地形数据卡使用，地形数据卡一直都要插在 PFD 和 MFD 此插槽中。上部插槽是用来加载各部件的软件及设置文件的，MFD 上部卡槽插入 SD 卡，可记录飞行参数数据。PFD 上部卡槽只在做维护工作时使用，其他时候都空着。

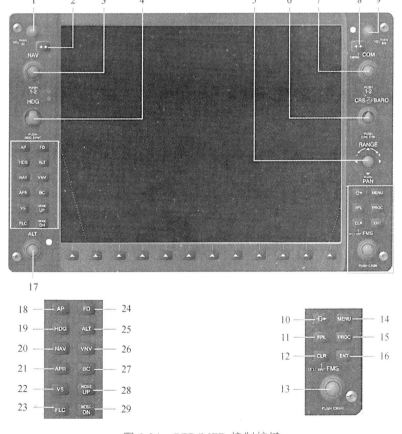

图 9.24　PFD/MFD 控制按键

表 9.2　PFD/MFD 控制按键说明

序号	控制按键	功　　能
1	NAV VOL/ID 旋钮	转动可以控制 NAV 音量（在 NAV 频率框中显示为百分比），按下为莫尔斯电码标识符音频的开/关
2	NAV 频率转换键	转换备用和使用 NAV 频率
3	NAV 旋钮	转动调谐 NAV 接收机备用频率（大旋钮用于 MHz；小旋钮用于 kHz），按下可在 NAV1 和 NAV2 之间切换激活调谐框
4	*Heading 旋钮	转动可以手动选择航向，在航向选择模式下操作时，此旋钮为飞行指引仪提供航向参考。 按下可在 HSI 左侧短暂显示一个数字航向，并使选定航向与当前航向同步
5	Joystick 旋钮	转动改变地图显示尺度，按下激活地图指针以进行地图平移
6	CRS/BARO 旋钮	转动大旋钮进行高度计气压设置。当选择 VOR1、VOR2 或 OBS/SUSP 模式时，旋转小旋钮可在 HSI 上设置选择的航线。按下此旋钮可使 CDI 居中于当前选定的 VOR。在导航和进场模式下操作时，飞行员选择的航道为飞行员侧飞行指挥员提供航线参考。按 使 CDI 重新居中并将航向指针直接返回到活动航路点/站点的方位
7	COM 旋钮	转动调谐 COM 收发器待机频率（大旋钮用于 MHz；小旋钮用于 kHz），按下可在 COM1 和 COM2 之间切换激活调谐框。选定的 COM 接收机（绿色）由 COM MIC 键（音频面板）控制
8	COM Frequency Transfer 键（EMERG）	转换备用和使用 NAV 频率。按住 2 s 可将紧急频率（121.5 MHz）自动调谐为使用频率
9	COM VOL/SQ 旋钮	转动以控制 COM 音频音量电平（在 COM 频率框中显示为百分比），按下可打开/关闭 COM 自动静噪
10	Direct-to 键	激活直达功能并允许用户输入目的地航路点并建立到所选目的地的直达航线（由标识符指定，从活动航线中选择）

序号	控制按键	功　能
11	FPL 键	显示飞行计划信息
12	CLR 键（DFLT MAP）	擦除信息、取消条目或删除菜单，按住可显示 MFD 导航地图页面（仅限 MFD）
13	MENU 键	显示用于访问附加功能或进行设置更改的选项的上下文相关列表
14	PROC 键	可以访问飞行计划或选定机场的 IFR 离场程序（DP）、进场程序（STAR）和进近程序（IAP）
15	ENT 键	验证/确认菜单选择或数据输入
16	FMS 旋钮（FlightManagementSystem 旋钮）	按下可打开/关闭选择光标。 数据输入：光标打开时，转动以在突出显示的字段中输入数据（大旋钮移动光标位置；小旋钮选择突出显示光标位置的字符）。在查看"FPL-活动飞行计划"页面时，当光标打开时，光标将放置在数据插入指针下方的行上。指针表示光标处输入的数据将插入所选行的上方。 滚动：当信息列表对于窗口/框来说太长时，会出现一个滚动条，指示要查看的项目更多。光标打开时，转动大旋钮滚动列表。 页面选择：旋转 MFD 上的旋钮以选择要查看的页面（大旋钮选择页面组；小旋钮从组中选择特定页面）
17	*ALT SEL 旋钮	在 Selected Altitude Box 中设置选定的高度（大旋钮选择千位，小旋钮选择数百位）。除了提供标准系统高度警报功能外，选定高度还为 AFCS 的高度捕获/保持模式提供高度设置
18	*AP 键	在默认的垂直和横向模式下启用/禁用自动驾驶仪和飞行指引
19	*HDG 键	选择/取消选择航向选择模式
20	*NAV 键	选择/取消选择导航模式
21	*APR 键	选择/取消选择接近模式
22	*VS 键	选择/取消选择垂直速度模式
23	*FLC 键	选择/取消选择飞行高度层改变模式
24	*FD 键	仅激活/停用 Flight Director。按下 FD 键会在默认的垂直和横向模式下打开 Flight Director。再次按下 FD 键会停用 Flight Director 并移除命令条，除非启用了自动驾驶仪。如果启用了自动驾驶仪，则禁用 FD 键

序号	控制按键	功　能
25	*ALT 键	选择/取消选择高度保持模式
26	*VNV 键（if equipped）	选择/取消选择垂直导航模式
27	*BC 键	选择/取消选择回程模式
28	*NOSE UP 键	控制 Pitch Hold、Vertical Speed 和 Flight Level Change 模式的活动俯仰参考
29	*NOSE DN 键	控制 Pitch Hold、Vertical Speed 和 Flight Level Change 模式的活动俯仰参考

注：*此键仅用于选配 Garmin AFCS 选项叫

2. 音频控制板

音频控制板（GMA 1347）的主要功能包括对导航/通信收发机、数字音频信号的控制，提供内话系统功能，内置指点标接收机，如图 9.25 所示，各功能键的详细说明见表 9.3。提供手动地将 PFD/MFD 转入应急显示模式的控制。音频控制板装在 PFD 和 MFD 之间，使用 RS232 数字接口与两个集成电子组件通信。

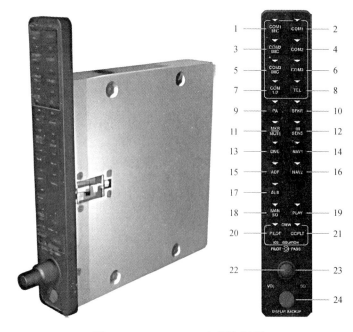

图 9.25　GMA 1347 音频控制板

表 9.3　GMA 1347 音频控制板按键说明

序号	按　键	功　能
1	COM1MIC	选择 1 号发射器进行发射。按下此键时同时选择 COM1 接收，从而可以听到从 1 号 COM 接收器接收到的音频。按下 COM2 键可以添加 COM2 接收
2	COM1	选择时，可以听到来自 1COM 接收器的音频
3	COM2MIC	选择 2 号发射器进行发射。按下此键时同时选择 COM2 接收，从而可以听到从 2 号 COM 接收器接收到的音频。按下 COM1 键可以添加 COM1 接收
4	COM2	选择时，可以听到来自 2 号 COM 接收器的音频
5	COM3	未用于 CessnaNav Ⅲ 飞机
6	COM1/2	未用于 CessnaNav Ⅲ 飞机
7	COM3MIC	不用于 CessnaNav Ⅲ 飞机
8	TEL	不用于 CessnaNav Ⅲ 飞机
9	PA	选择乘客地址系统。按下 PA 键时，选定的 COM 发射器将被取消选择。仅限 182T、(T)182T、206H 和(T)206H
10	SPKR	选择和取消选择机舱扬声器，可以在扬声器上听到 COM 和 NAV 接收器音频
11	MKR/MUTE	选择标记信标接收器音频，静音当前接收到的标记信标接收器音频，收到新的标记信标音频时自动取消静音。此外，停止播放录制的 COM 音频
12	HISENS	按下以增加标记信标接收器的灵敏度，再次按下可返回低灵敏度
13	DME	打开或关闭可选的 DME 音频。
14	NAV1	选择时，可以听到来自#1NAV 接收器的音频
15	ADF	打开或关闭可选的 ADF 接收器音频
16	NAV2	选择时，可以听到来自#2NAV 接收器的音频
17	AUX	不用于 CessnaNav Ⅲ 飞机
18	MANSQ	启用对讲机的手动静噪。当对讲机处于活动状态时，按下 PILOT 旋钮点亮静噪信号，转动 PILOT/PASS 旋钮调整静噪
19	PLAY	按一次播放最后录制的 COM 音频。在播放音频时再次按下，将播放上一个录制的音频块。随后的每一次按下都会播放每个先前录制的块。在播放存储块时按下 MKR/MUTE 键会停止播放
20	PILOT	选择和取消选择飞行员对讲隔离
21	COPLT	选择和取消选择副驾驶对讲隔离

续表

序号	按键	功能
22	音量/静噪（VOL/SQ）控制旋钮	旋钮按下可在音量和静噪控制之间切换，如 VOL 或 SQ 亮起所示。转动调节对讲音量或静噪。必须选择 MANSQ 键才能进行静噪调节。PASS 旋钮转动以调节 Copilot/Passenger 对讲机音量或静噪。必须选择 MANSQ 键才能进行静噪调节
23	光标（CRSR）控制旋钮	转动以将光标移动到所需的源
24	DISPLAYBACKUP	按钮——手动选择恢复模式

3. 集成电子组件

集成电子组件（GIA 63）作为 G1000 系统的主要通信枢纽，功能是连接所有的航线更换组件（LRU）到 PFD 和 MFD 的显示，如图 9.26 所示。GIA 63 内部包含 GPS 接收机、甚高频通信/导航接收机和系统综合微处理器。GIA 63 使用高速以太网数据总线直接与 GDU-1040 显示器通信。系统的软件和构型设置从显示器通过 GIA 63 送到系统的航线更换组件中。两部集成电子组件并排安装在机身尾部电子设备舱的设备架上，在它们旁边安装有电子设备风扇。

图 9.26　GIA 63 集成电子组件

4. 姿态航向基准系统

姿态航向基准系统（GRS 77）组件提供飞机的姿态航向等飞行参数信息到飞行显示器和集成电子组件，如图9.27所示。姿态航向基准系统内置先进的倾斜传感器、加速度计和速率传感器，与大气数据计算机和磁传感器交联。姿态航向基准系统也利用来自集成电子组件的GPS信号参与计算。姿态航向基准系统输出的姿态和航向信息是通过ARINC 429数字总线交联到飞行显示器和集成电子组件。GRS77姿态航向基准系统组件安装在飞机尾舱电子设备冷却风扇后面的隔板上。

图 9.27　GRS 77 姿态航向基准系统

5. 磁传感器

磁传感器（GMU 44）感应地磁场方向，并将这些数据送到姿态航向基准系统，经过计算处理后以确定飞机的磁航向。该组件的电源直接来自姿态航向基准系统，通过RS485数字接口与姿态航向基准系统通信，如图9.28所示。磁传感器安装在左机翼内部，打开左机翼下表面的盖板即可检查和拆装磁传感器。

图 9.28　GMU 44 磁传感器

6. 大气数据计算机

大气数据计算机（GDC 74A，见图 9.29）的信息来自飞机动静压系统、外界大气温度传感器（OAT）。大气数据计算机接收由空速管和静压孔收集的全压和静压以及由大气温度传感器感受的外界大气温度，从而得到飞机的空速、气压高度、升降速度和外界大气温度供 G1000 综合航电系统使用。大气数据计算机使用 ARINC 429 数字总线接口与集成电子组件、飞行显示器和姿态航向基准系统通信,传输大气数据。大气数据计算机通过 RS232 数字接口，接收来自集成电子组件的系统软件和构型设置数据。GDC74A 大气数据计算机安装在飞机尾舱电子设备冷却风扇后面的隔板上，外界大气温度传感器探头（GTP 59）安装在驾驶舱顶部机身外表面。

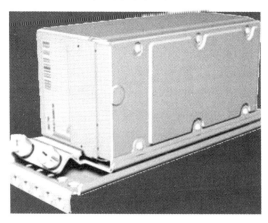

图 9.29　GDC 74A 大气数据计算机

7. 机体/发动机接口组件

机体/发动机接口组件（GEA71）是一个带微处理器的航线更换组件，根据机型单独设计，负责接收/处理来自发动机和机体所有传感器（外界大气温度传感器除外）的信号，并将采集到的模拟信号集中转换为数字信号输出，如图 9.30 所示。机体/发动机接口组件交联的传感器包括发动机滑油温度和压力传感器、燃油流量和压力传感器、气缸头温度(CHT)传感器、排气温度(EGT)传感器、真空系统压力传感器、转速表传感器、油量表传感器以及其他各种来自发动机/机体的模拟、离散信号。机体/发动机接口组件通过 RS485 数字总线接口直接与两个集成电子组件通信传输采集的信号，通过 RS232 数字接口接收来自集成电子组件的软件和构型设置文件。机身/发动机接口组件安装在仪表板 MFD 的后面，更换机身/发动机接口组件时需先拆下仪表板上的 MFD，然后松开固定解锁手柄的螺钉，再向上搬动解锁手柄即可松开并向外拉出。

8. 固态 S 模式应答机

固态 S 模式应答机（GTX33）提供 A、C 和 S 模式功能的询问、应答，如图 9.31 所示。可通过 PFD 上的按键直接控制和操作该应答机。GTX33 应答机通过 RS232 总线数字接口，接收来自集成电子组件的软件和构型设置文件。

图 9.30　GEA 71 机体/发动机接口组件　　　图 9.31　GTX33 应答机

9. 备用蓄电池

G1000 系统配备有专用的应急蓄电池，安装在 PFD 显示器的背后，和正常的大蓄电池一起保证系统的供电。当主电源断电时，应急蓄电池向 PFD、大气数据计算机、姿态航向基准系统、1 号通信/导航组件、应答机、音频板供电，至少可保证系统工作 30 min。

9.3.3　G1000 综合航电系统操纵和使用

1. 主飞行显示器（PFD）

G1000 系统的飞行仪表系统主要由姿态航向基准系统、大气数据计算机、磁传感器、飞行显示器、集成电子组件组成。姿态航向基准系统、大气数据计算机、磁传感器测量出飞机的俯仰、倾斜姿态和磁航向、空速、气压高度、升降速度、大气温度等参数，在 PFD 上把这些参数显示出来。通过集成电子组件可以提供出更多的数据传输路径作为备份路径。G1000 系统中驾驶领航参数的传输采用了四余度措施，极大地提高了参数传输的可靠性。姿态航向基准系统与大气数据计算机、GPS 交联,使用大气数据计算机的输出参数和 GPS 的位置信息来修正姿态、航向参数的误差。

G1000 系统的飞行仪表主要包括高度表、空速表、升降速度表指示，外界大气温度，气压设定窗口，虚拟 HSI 显示，虚拟姿态仪，转弯侧滑仪等等，通常显示在 PFD 上，如图 9.32 所示。

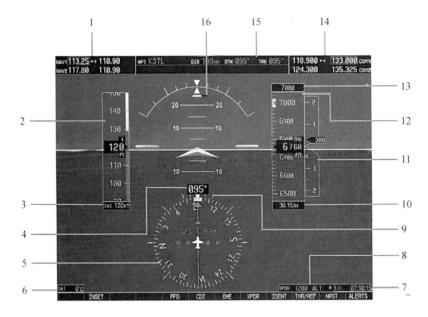

1—导航频率窗口；2—空速指示；3—真空速指示；4—航向指示；
5—水平状态指示器（HSI）；6—外界大气温度指示；7—系统时间；
8—应答机状态条；9—转弯速率指示器；10—气压设定窗口；
11—升降速度表；12—高度指示；13—高度基准；14—通信频率窗口；
15—导航状态条；16—侧滑指示器。

图 9.32 典型的 PFD 飞行仪表显示

1）姿态指示

姿态指示的数据来源于 G1000 系统的姿态航向基准系统组件（GRS77），姿态指示有一条与飞行显示器同宽的水平线，水平线上部为天蓝色，下部为地黄色。坡度指针是一个小飞机图标。坡度指示刻度是传统式的，从 0°到 30°，最小刻度是 10°；从 30°到 60°，最小刻度是 15°。俯仰指示刻度的最小刻度是 5°，每 10°有数字标示。无论机头向上或者向下超过俯仰极限，指示器上将会出现红色"V"形标志警告，指示将飞机改平的方向。坡度指针下面有一个白色的梯形，它会水平地左右移动，指示由侧滑指示球提供的侧滑信息。进行协调转弯时，该梯形应位于坡度指针下方中间。备用（真空）姿态指示器位于中央面板的底部。

2）水平状态指示

水平状态指示器（HSI）位于 PFD 下部的中央（见图 9.33），航向指示数据来源于姿态航向基准系统组件和磁传感器组件（GMU 44）。水平状态指示包括一个稳定的磁航向指示器（罗盘刻度盘）和一个可选择的航道偏离指示器（GPS 或 VHF 导航）。水平状态指示的外观和操作上都为传统方式。

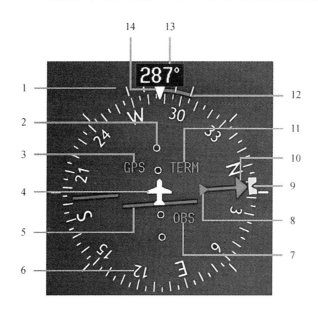

1—转弯速率指示器；2—横向偏离刻度；3—导航源；4—飞机符号；
5—航道偏离指示器；6—旋转罗盘刻度；7—OBS 方式；8—向/备台指示；
9—航向游标；10—航道指针；11—飞行阶段；12—转弯速率和航向改变趋势；
13—航向；14—刻度线。

图 9.33　水平状态指示器的指示内容

水平状态指示顶部的航向指标（航向标线）上有一个小窗口，其中用数字显示磁航向。参照标线标记以 45°的间隔排在罗盘刻度盘周围。在水平状态指示顶部航向窗口之下有一个分段的弧形刻度，根据品红色的转弯向量指示的长度指示半个或标准转弯角速度。

使用 PFD 上的航向（HDG）旋钮可以设置青色的航向游标。选择的航向以数字显示在航向标线标记左侧 45°上方的一个窗口中。停止转动航向旋钮 3 s 后，该航向窗口会消失。水平状态指示上显示的航道偏离指示导航源可以使用航道偏离指示软键在 GPS NAV1 和 NAV2 输入方式中选择设定。航道指针使用 PFD 上的航道（CRS）旋钮进行设置。

3）空速指示

垂直条状空速指示器显示在 PFD 的左上方，空速指示的数据来源于大气数据计算机组件（GDC 74A），彩色的弧线用来指示最大速度、最大巡航速度范围、正常操作速度范围、襟翼全放时操作速度范围和低速指示，计算的真空速显示在空速条下的一个小框中。备用（气动）空速指示器位于中央面板的底部。

4）高度指示

高度指示器位于 PFD 上右上方，高度指示的数据来源于大气数据计算机组件。使用 PFD 上的气压（BARO）旋钮可以设定当地气压值。在高度指示的带状刻度上有一个可调的青色高度参照游标，可用 PFD 上的高度选择（ALT SEL）旋钮选择这个指针。在高度表上方的一个小窗口中显示高度游标设置。备用高度指示器位于中央面板的底部。

5）PFD 附加显示信息

图 9.34 所示为基本 PFD 显示基础上附加显示的内容，其中交通警告、DME 信息在某些飞机上不会出现。插入地图、两个指针的信息窗口等可通过按压 PFD 软键进入设置菜单进行选择增加。

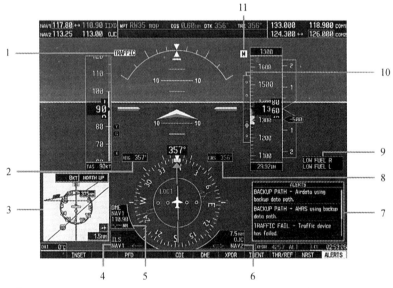

1—交通警告；2—预选航向；3—插入地图；4—1 号指针信息窗；5—DME 信息窗；
6—2 号指针信息窗；7—警告窗口；8—预选航道；9—信号窗口；
10—垂直偏离/下滑道指示；11—指点标信号。

图 9.34　附加了显示内容的 PFD

在两个指针的导航信息窗口中可显示到导航台的距离、航路点代码和导航源（接收机）。按压屏幕下方的 CDI 软键可改变选择导航源，按一下导航源从 GPS 改为 VOR1/LOC1，按第二次将 VOR1/LOC1 改为 VOR2/LOC2，按第三次改回 GPS。

在信号窗口（9）中显示简短的文字信号，文字的颜色是根据警告级别而定，而优先级别高的信号排在信号栏的上方，级别低的排在下方。信号窗口的作用类似于传统的信号灯板。

警告窗口（7）显示文字警告信息。多达 64 级警告信息可以按优先顺序显示在警告窗口中。按下"ALERT"软键可显示警告窗口，第二次按下时关闭警告窗口。当警告窗口显示时，飞行员可以用大"FMS"旋钮滚动显示警告信息。

2. 多功能飞行显示器（MFD）

MFD 显示页面的左上角和右上角内容与 PFD 相同，分别是两部甚高频导航接收机和甚高频通信收发机的频率窗口。MFD 屏幕上部中间显示航路点的状态和 MFD 页面类型和页面名称。MFD 屏幕左侧显示发动机/机体系统的仪表参数，右下角显示页面组的标识。屏幕中间显示导航地图，如图 9.35 所示。

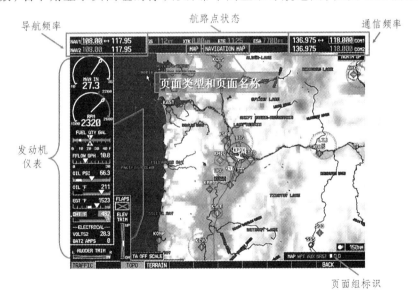

图 9.35　MFD 的显示内容

MFD 显示飞行、导航信息分为四种主要页面组，分别是地图页面组、航路点页面组、辅助页面组和"最邻近"页面组。在 MFD 右下角的页面组标识中可显示当前查看的是哪个页面组和页面，选中的页面组为高亮显示，且由后面的实心方框指示，如图 9.36 所示。

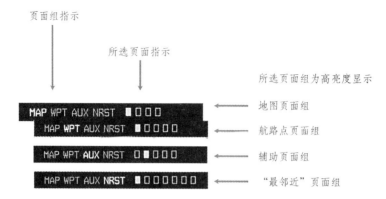

图 9.36　MFD 右下角的页面组标识

使用大飞行管理系统旋钮选择页面组，小飞行管理系统旋钮选择页面组中的不同页面，页面组名称和在用页面标题窗口显示在屏幕上部。

1）地图页面组

地图页面组包括导航地图、交通地图和近地地图三个页面，如图 9.37 所示。

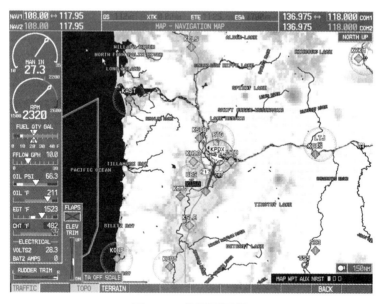

图 9.37　地图页面组

导航地图页面是地图页面组的第一个页面，主要向飞行员提供 GPS/导航显示功能，包括机场、助航系统、地标、地形、地面障碍等等数据，如图 9.38 所示。

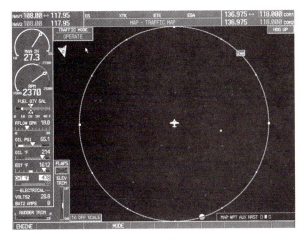

图 9.38　导航地图页面

交通地图页面是地图页面组的第二个页面，主要显示飞机实时位置、附近交通信息系统的交通状况等，如图 9.39 所示。在我国没有提供 TIS 系统的服务。

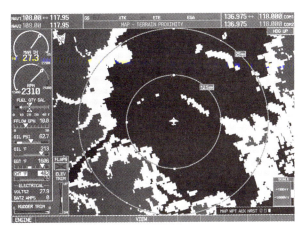

图 9.39　交通地图页面

近地地图页面是地图页面组的第二个页面，主要显示飞机位置、距离圈标志、航向标识以及地形和障碍数据，可向机组提供地形提示功能的建议。

2）航路点页面组

航路点页面组可提供数以千计的机场、VOR 台、NDB 台、交叉点、航路、频率和程序的信息，如图 9.40 所示。另外，在用户航路点信息页面可以显示多达 1 000 个用户建立的航路点。航路点页面组包括机场信息页面、交叉点信息页面、NDB 台信息页面、VOR 台信息页面和用户航路点信息页面。

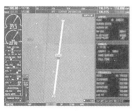
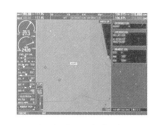
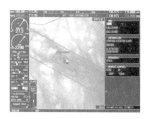

（a）机场信息　　　　（b）交叉点信息　　　　（c）NDB 信息

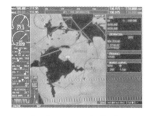

（d）VOR 台信息　　　　　（e）用户航路点信息

图 9.40　航路点页面组

3）辅助页面组

辅助页面组提供详细的航程计划信息、卫星状态、RAIM 预告、系统设置、航线可更换件状态和数据库信息。辅助页面组包括航程计划、实用工具、GPS 状态、系统设置和系统状态页面，如图 9.41 所示。

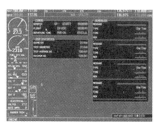

（a）航程计划　　　　（b）实用工具　　　　（c）GPS 状态

（d）系统设置　　　　　（e）系统状态

图 9.41　辅助页面组

在系统状态页中显示所有检测到的系统 LRU 的状态和软件版本号，并且显示系统中所有数据库的相关信息。在线的 LRU 用绿钩标记，故障的 LRU 用红叉指示。

4）"最邻近"页面组

"最邻近"页面组包括"最邻近的"机场、"最邻近的"交叉点、"最邻近的"NDB 台、"最邻近的"VOR 台、"最邻近的"用户航路点、"最邻近的"频率和"最邻近的"空域页面，如图 9.42 所示。顾名思义，"最邻近"表示这个页面组将提供飞机所在位置附近的机场、导航台、航路点、空域的相关导航信息和附近的空管通信频率等等信息。

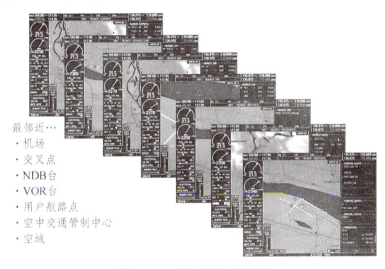

最邻近…
· 机场
· 交叉点
· NDB台
· VOR台
· 用户航路点
· 空中交通管制中心
· 空域

图 9.42 "最邻近"页面组

5）发动机指示系统

G1000 的发动机指示系统向飞行机组提供包括指针式、柱形图和数字读数等多种形式的发动机参数指示。正常情况下，发动机指示系统的参数全部在 MFD 的左侧显示。在应急模式下，系统将发动机参数与驾驶领航参数集中到一个显示器上显示出来，这时发动机指示仍然在屏幕的左侧。

发动机指示系统共有三个页面：发动机页面、贫油页面、系统页面。系统启动时，MFD 自动进入到系统默认的发动机页面。按下屏幕下方的"ENGINE"软键，可出现页面菜单，可选择转换到贫油或系统页面。

发动机页面为默认页面，如下图所示，显示所有重要的发动机、燃油系统和电气系统信息。在页面的顶部为发动机转速的指针及数字指示（三种发动机页面方式下都有，且始终位于最上方），下面是重要发动机和电气系统参数的水平条状指示器或数字读数，如图 9.43 所示。

　　燃油流量指示器以 US gal/h 显示实时的燃油流量。绿色表示正常的燃油流量，绿色条带之外表示燃油流量不正常。滑油压力指示器显示供给发动机的滑油压力，单位为磅/平方英寸（psi）。绿区表示正常工作范围，红色为警告范围（最小和最大）。滑油温度表显示发动机的滑油温度，以华氏度为单位。绿区表示正常的工作范围，红色表示警告。

　　排气温度表显示温度最高的气缸的排气温度，单位为华氏度。在三角形中显示气缸号。排气温度表没有色带。发动机时间以数字读数形式显示在油量表下面。

　　真空度表为水平条状指示，绿区表示正常操作范围。

　　电压表显示主汇流条和重要汇流条的电压，汇流条电压指示区中的 M 代表主汇流条，E 代表重要设备汇流条，白色表示正常，黄色为提醒注意（低或高），红色为警告（最小或最大）。电流表显示主蓄电池和备用蓄电池电流负载，单位为安培。蓄电池电流指示区中的 M 代表飞机蓄电池，S 代表备用蓄电池。字符显示为白色表示正常，黄色为告诫。

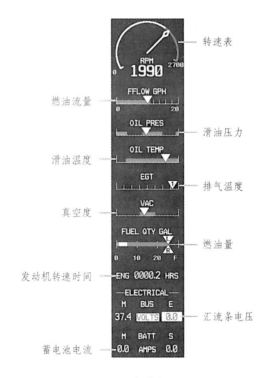

图 9.43　发动机页面

贫油页面提供发动机贫油信息和对发动机进行贫油调节的用户界面，如图 9.44 所示。在贫油页面上仍然有发动机仪表和油量表，燃油流量表显示为数字读数。

贫油页面下可以以柱状图的方式同时显示每个气缸的气缸头温度和排气温度，选定气缸的 EGT 和 CHT 数字读数显示在柱状图的下面。默认方式下显示温度最高的 EGT 和 CHT 数字读数。这些数据对于机务人员试车检查发动机是非常有用的。

柱状图的不同颜色代表不同的含义，淡蓝色表示选定的气缸，白色表示指示正常，黄色表示告诫（仅对气缸头温度），红色表示警告（仅对气缸头温度）。在贫油页面，屏幕下方的"CYL SLCT"软键可用于选择需要进行数字显示 EGT 和 CHT 读数的气缸。当气缸显示告诫（柱状图为黄色）或警告（红色）的状态下，此软键不能工作，直到温度回到正常值（白色）。在贫油页面，"ASSIST"软键用于调贫油程序中识别温度下降的第一个气缸的峰值。

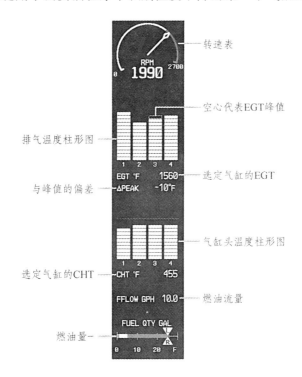

图 9.44　贫油页面

系统页面以数字读数的形式显示重要的发动机、燃油系统和电气系统指示，如图 9.45 所示。系统页面中，许多通常以图形显示的参数将转换成数字方式显示，便于试车人员记录各种发动机参数的准确数值。

浏览发动机系统页面时，除了赛斯纳 172 飞机的气缸头温度表以外，当任何默认发动机页面的参数超出范围时，将使页面自动切换到默认的发动机页面。

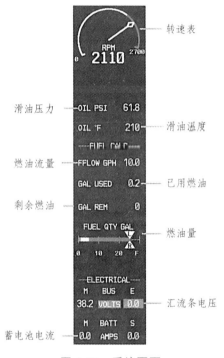

图 9.45　系统页面

在发动机系统页面，还提供了进行燃油计算的功能，通过相应的软键进行设置，可对飞机上的已用燃油和剩余燃油进行计算、显示。

注意，这种计算仅根据输入值进行，并未利用飞机燃油量测量指示系统。

3. 应急显示

当 PFD 和 MFD 两者中的任一显示器发生故障时，系统将自动转换到应急模式进行显示，如图 9.46 所示。应急显示模式下，将发动机参数与所有重要的飞行信息参数集中到一个显示器上显示出来。在系统正常工作的情况下，通过人工按压音频板上的应急模式转换开关可以使两个飞行显示器同时进入应急显示模式，再按一次转换开关，PFD 和 MFD 又会恢复各自的正常显示。

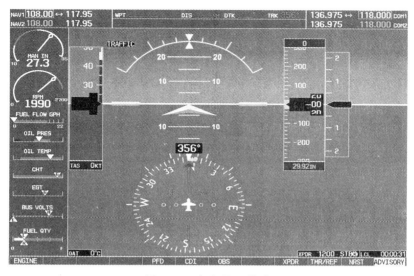

图 9.46　应急显示模式

4. 告 警

G1000 系统具有故障自监控功能，能够对自身出现的故障进行探测和报警。故障信息采用了很直观的显示方式，在原位置应显示的参数消失，并在该区域显示一个红色的叉，同时在 PFD 上的警告和信息窗口显示出简明的故障代码及较详细的故障解释，如图 9.47 所示。根据故障的等级，警告和信息文本显示不同的颜色。在 MFD 的辅助页面组的第 5 个页面显示出每个 LRU（航线可更换部件）的状态，帮助飞行及机务人员判断是哪一个部件出现了故障。

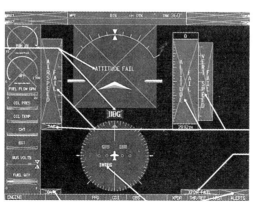

图 9.47　G1000 的故障显示

G1000 系统采用三种警告级别，分别为警告、告诫和咨询信息，如图 9.48 所示。警告级别的信息需要立即引起飞行员的注意，出现在信息窗中，字符为红色，同时 "WARNING" 软键上方的字符闪亮。告诫级别的信息指出飞机上存在不正常的状态，需要飞行员的干预。信息窗口中的字符为黄色，同时 "CAUTION" 软键上方的字符闪亮。咨询级别的警告向飞行员提供一般的信息，不会在信息窗口中出现，只是 "ADVISORY" 软键上方的字符闪亮。

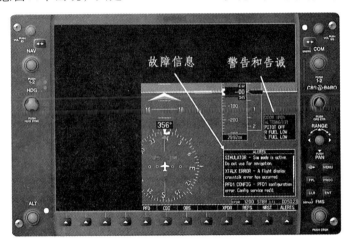

图 9.48　各种级别的警告信息

5. 音频控制板

数字音频板上各个按键的功能如图 9.49 所示。当任何一个功能键被接通后，键上的指示灯都会点亮。

发射机话筒选择按钮用于选择使用的发射机，接收机音频选择按钮用于选择接收机。当选择了任一部发射机后，对应的接收机音频信号将被自动选择。当音频板故障时，正驾驶的耳机将自动地与第一部通信收发机相连。

选择了乘客广播功能时，按下发射按钮可通过耳机向乘客通知信息，这时乘客广播按钮的信号灯每秒闪动一次，而发射机选择按钮的信号灯熄灭，显示器频率窗口的在用通信频率变为白色，表示未选择发射机。扬声器功能接通后，所有音频都可以从座舱喇叭中听到，但是当按下发射按钮时扬声器被静音。

指点标静音按钮用于控制由音频板内部的指点标接收机收到的指点标音频是否静音。指点标灵敏度按键接通时，增加对指点标信号的灵敏度，用于在进近过程中更早地接收到指点标信号。导航音频还包括 1 号、2 号导航接收机，选装的 DME 或 ADF 音频。按下相应的按钮即可选择需要收听的音频信号，而各种导航音频可独立选择。

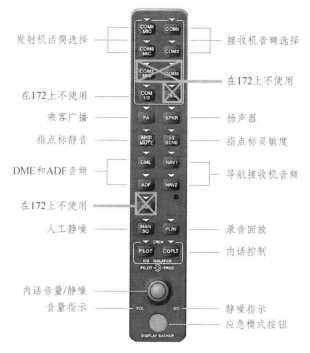

发射机话筒选择 — 接收机音频选择

在172上不使用 — 在172上不使用

在172上不使用 — 导航接收机音频

乘客广播 — 扬声器

指点标静音 — 指点标灵敏度

DME和ADF音频 —

ADF —

在172上不使用 —

人工静噪 — 录音回放

 — 内话控制

内话音量/静噪 — 静噪指示

音量指示 — 应急模式按钮

图 9.49　音频控制板上按键的功能

　　内话控制系统有两个按键—正驾驶和副驾驶，这两个按键的组合可以提供四种内话隔离方式，分别是全体、正驾驶、副驾驶、机组方式，如图 9.50 所示。当接通内话控制板上的正驾驶或副驾驶按钮时，相应按键的指示灯亮，就将其隔离于内话系统之外，只能听到选择的音频信号和正驾驶或副驾驶的声音，乘客和未接通隔离方式的位置将处于正常内话方式。要使内话机处于全功能状态，应确保"PILOT"和"COPLT"两个键的灯均熄灭。

　　人工静噪按键和内话音量/静噪旋钮控制内话系统的音量和静噪。当静噪方式设置为自动（人工静噪指示灯灭），而音频板底部的 VOL 指示灯亮时，可以用内话音量旋钮进行调节，小旋钮控制正驾驶音量，大旋钮控制副驾驶和乘客的音量，顺时针调节增大音量，逆时针调节减小音量。

　　内话静噪的功能是当没有人讲话时屏蔽驾驶舱环境噪声。每个话筒输入都有一个自动静噪门限，也可以按压"人工静噪"按钮（使指示灯亮），进入人工设置静噪门限方式。在此方式下，"内话音量/静噪"旋钮既可调节内话音量，也可调节静噪门限值，只要按压该旋钮即可转换两种调节功能，音频板下方的两个指示灯指示旋钮的功能。人工静噪方式下，小旋钮控制正驾驶静噪门限，大旋钮控制副驾驶/乘客静噪门限，顺时针转动增大静噪门限，逆时针转动减小静噪门限。

图 9.50 内话控制和静噪

音频控制板可以循环记录最近 2.5 min 的甚高频通话信号，所有被选择的收发机都可被记录并回放。断开音频板的电源将自动删除所有的记录数据。按下"录音回放"键控制回放最近记录的通话。在回放过程中，"PLAY"键的信号灯每秒闪烁一次，如果检测到有通话信号输入，将终止回放并记录最新的通话。

红色的应急模式按钮用于控制两个显示器进入应急模式，与音频信号的控制无关。在正常情况下，通过人工按压音频板上的应急模式转换开关可以使两个飞行显示器同时进入应急显示模式，再按一次转换开关，系统又会恢复正常显示。当任一显示器出现故障时，系统将自动转换到应急模式。应急模式下，系统将发动机参数与驾驶领航参数集中到一个显示器上显示出来。

9.3.4 G1000 综合航电系统供电

赛斯纳 172 飞机的电源是由一个 28 V 直流发电机作为主电源，一个 24 V 主蓄电池作为备用电源并提供起动机起动电能。安装 G1000 系统的飞机有第二块蓄电池，叫作备用蓄电池。备用蓄电池由备用蓄电池控制器控制和监控，在主蓄电池和发电机故障时，向连接 G1000 系统的重要（Essential）汇流条供电。一个电源连接盒安装在防火墙的左前边，组合有电源继电器、一个发电机控制组件（ACU）、一个电流表传感器、一个外接插插座、附加的保险丝和电路。在飞行期间，一个发动机驱动的发电机是通常的电源，由 ACU 控制保持对一个蓄电池的充电。外接电源插座用于地面操作电气设备和当起动发动机时保持蓄电池的容量。

1. 汇流条和断路器

飞机电气系统共有 6 根汇流条，分别是：1 号电气设备汇流条、2 号电气设备汇流条、交输汇流条、重要设备汇流条、1 号电子设备汇流条和 2 号电子设备汇流条。飞机的 1 号和 2 号电气设备汇流条由电源盒内的 F1 和 F2 断路器（见图 9.51）供电。

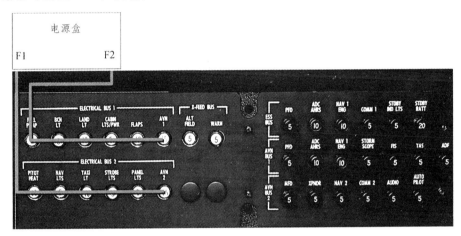

图 9.51　断路器板

1 号、2 号电气设备汇流条通过两个电子设备总电门分别给 1 号、2 号电子设备汇流条供电。

重要设备汇流条是用于在飞机的电源系统故障的情况下保证重要的飞行姿态参数、发动机参数不丢失。重要设备汇流条是由 1 号、2 号电气设备汇流条共同供电的。G1000 系统的备用蓄电池连接到重要设备汇流条上，在飞机电源系统完全失效时向重要设备汇流条供电。在 1 号、2 号电气设备汇流条和重要汇流条之间分别有一个隔离二极管，隔离二极管的作用是防止电气设备汇流条的短路故障影响重要设备汇流条的工作，如图 9.52 所示。

交输汇流条用于向发电机的励磁系统、警告系统供电。1 号、2 号电气设备汇流条同时向交输汇流条供电，使交输供电的可靠性得到了很大的提高。在 1 号、2 号电气设备汇流条和交输汇流条之间分别有一个隔离二极管，隔离二极管可以避免一根电气设备汇流条发生短路故障时使交输汇流条中断供电。

安装有 G1000 系统的飞机的断路器板是重新设计的，全部采用了可拔出式断路器，可以人工断开任何一个断路器。

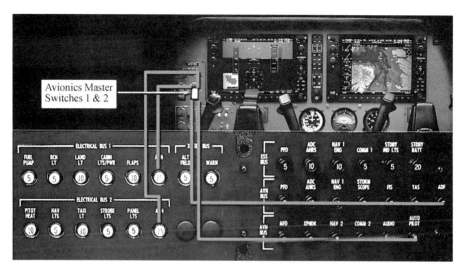

图 9.52　汇流条和断路器

2. 备用蓄电池

G1000 系统配备有专用的应急蓄电池，安装在 PFD 显示器的背后，和正常的大蓄电池一起保证系统的供电，如图 9.53 所示。当主电源断电时，应急蓄电池向 PFD、大气数据计算机、姿态航向基准系统、1 号通信/导航组件、应答机、音频板供电，至少可保证系统工作 30 min。

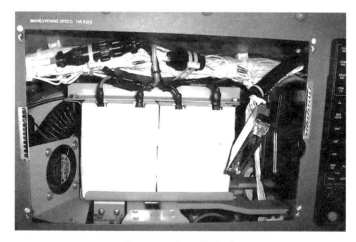

图 9.53　备用蓄电池

当飞机电源系统电压高于 26 V 时，飞机主电源通过重要设备汇流条向备用蓄电池充电。当主电源电压为 20~26 V 时，控制电路使备用蓄电池与重要设备汇流条脱开。当主电源电压低于 20 V 时，备用蓄电池向重要设备汇流条应急供电。

备用蓄电池有一个控制开关和测试指示灯，位于飞机蓄电池／发动机电门附近，如图9.54所示。备用蓄电池控制器／监视器是一块对静电放电敏感（ESD）的 PCB 板，安装在左仪表板背后的一个铝质的保护壳内，如图 9.55 所示。与备用蓄电池控制器相邻的一个大功率电阻用于对备用蓄电池进行飞行前测试。为防止过热，还安装了 180°F 超温开关，在电阻过热时断开备用蓄电池。

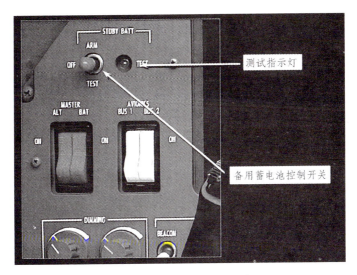

图 9.54　备用蓄电池控制和指示

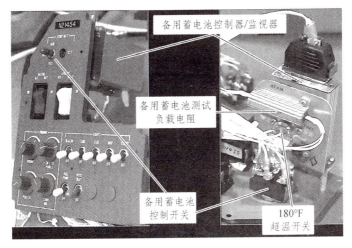

图 9.55　备用蓄电池的控制和监控

飞行前应对备用蓄电池进行测试，将控制开关扳到 TEST（测试）位并保持 20 s，如果绿色的测试指示灯长亮则表示备用蓄电池符合要求。在飞行过程中，备用蓄电池控制开关应置于 ARM（预位）位，以便备用蓄电池及时被充电或放电。

根据赛斯纳 172R 飞机维护手册要求，每年必须对备用蓄电池进行容量检查。方法如下：

（1）将飞机放在机库外光线充足、通风良好的地方。

（2）在不接通飞机电源的情况下，将备用蓄电池控制开关扳到 ARM 位，然后将备用仪表的照明灯调节到最亮。

（3）观察备用蓄电池电压降低到 20 V 的时间应不少于 55 min。

（4）对备用蓄电池充电。

9.3.5 G1000 综合航电系统的维护

1. 日常维护概述

G1000 系统的各部件在更换后必须加载相应的软件及设置文件。系统的软件用于实现各部件的功能，设置文件用来将各机型通用的部件设置为适合赛斯纳 172 飞机的状态。设置文件不正确同样会导致系统工作不正常，甚至不工作。

每一架飞机 G1000 系统软件及设置文件都是存储在一张标注了飞机出厂序号的光盘上，每架飞机应使用与自身序号相同的光盘，禁止飞机之间交叉使用光盘。

G1000 系统中配置文件存储在各部件内部的存储器以及系统的构型模块中。G1000 主设置模块位于 PFD 后部插头内，包含了 G1000 系统使用的机身和系统设置的副本、飞行显示器使用的 PFD 和 MFD 设置的副本、集成电子组件使用的 GIA1 和 GIA2 设置的副本、机体/发动机接口组件使用的 GEA 设置的副本、应答机使用的 GTX 设置的副本、音频控制板使用的 GMA 设置的副本。作为 PFD 使用的飞行显示器存储了当前有效的 PFD 设置信息，可使用 PFD 主设置模块进行自动设置重装。作为 MFD 使用的飞行显示器存储了当前有效的 MFD 设置，可使用 PFD 主设置模块进行自动设置重装。

音频控制板存储了当前有效的 GMA 设置，使用主设置模块作为备份，需要使用 SET>ACTIVE 功能键转换。

1 号集成电子组件内含当前有效的 I/O 设置，使用主设置模块作为备份，需使用 SET>ACTIVE 软键将主设置模块中的设置转换至 GIA 内存中。2 号集成电子组件内含当前有效的 I/O 设置，使用主设置模块作为备份，需使用 SET>ACTIVE 软键将主设置模块中的设置转换至 GIA 内存中。

机体/发动机接口组件内含当前有效的 I/O 设置，GEA71 自己的设置模块不用于存储设置，而使用主设置模块作为备份，需使用 SET>ACTIVE 软键将主设置模块中的设置转换至 GEA 内存中。

应答机内含当前有效的 I/O 设置，使用主设置模块作为备份，需使用 SET>ACTIVE 软键将主设置模块中的设置转换至 GIA 内存中。

姿态航向基准系统设置模块位于系统后部插头内，包含与特定飞机相关的 AHRS 系统校准值，该值是在执行安装后校准时存储的。位于姿态航向基准系统内部的内存包含内部传感器校准数据，该数据由厂家校准时存储。姿态航向基准系统在系统供电情况下，从外部设置模块中读取校准数据，同时也使用内存中的厂家校准数据，二者任意一个发生故障，组件将恢复默认设置，并输出航向、姿态、侧滑和转弯速率的旗信号。

大气数据计算机设置模块位于机器后部插头内，包含与特定飞机相关的大气数据设置，该设置是在执行安装后校准时存储的。位于姿态航向基准系统内部的内存包含内部传感器校准数据，该数据由厂家校准时存储。大气数据计算机在系统供电情况下，从外部设置模块中读取校准数据，同时也使用内存中的厂家校准数据。二者任意一个发生故障时，部分或全部大气数据输出将丢失。

2. 软件更新

要加载 G1000 各部件的软件及设置文件，必须使 G1000 系统处进入维护模式，且最好使 PFD 和 MFD 都进入到维护模式。进入维护模式的方法是按住 PFD 和 MFD 的 ENT 键同时开机，当屏幕上出现"INITIALIZING SYSTEM"时松手，系统就会进入维护模式，如图 9.56 所示。除了加载 MFD 的软件外，对其他任何部件的软件及设置文件的加载，以及系统设置参数的修改均应在 PFD 上完成。

进入维护模式后，用大飞行管理系统旋钮选择所需要的页面组，然后用小飞行管理系统旋钮选择所需要的页面。在维护页面中，不要随意修改自己不了解的参数，以免造成系统设置错误。由于 G1000 系统设置没有"撤消"功能，因此在实施任何操作前应仔细阅读系统提示，以免造成系统数据的丢失。

在维护模式下，许多页面的参数都包括 SET（设置）栏和 ACTV（当前有效）栏。SET 代表保存在 PFD 的内存和主设置模块内的后备参数，ACTV 代表保存在各部件内存中的参数。SET>ACTV 软键表明把后备的参数复制到各部件的内存中。ACTV>SET 软键表明把各部件内存中的参数复制到 PFD 和主设置模块中作备份。

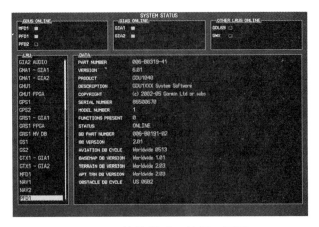

图 9.56 维护模式下的显示页面

警告：必须谨慎使用 ACTV>SET 功能，因为此时的当前有效信息会导致部分或全部设置信息丢失。

将制作好的 G1000 系统软件 SD 卡插入 PFD 的上部 SD 卡插槽，然后将 PFD 启动到维护模式，就可以加载各部件的软件及设置文件了。在维护模式下，用大 FMS 旋钮选择 SYSTEM（系统）页面组，然后用小 FMS 旋钮选择 SOFTWARE UPLOAD（加载软件）页面或 CONFIGURATION UPLOAD（加载设置文件）页面。按压小 FMS 旋钮激活光标后，用大 FMS 旋钮将光标移动到所需的软件或设置文件处，按压 ENT 键或 "LOAD" 软键加载相应的软件或设置文件，如图 9.57 和图 9.58 所示。如果需要对整个 G1000 系统进行软件重装，应按照 G1000 航线维护手册附录 B 列出的软件及设置文件加载流程图进行操作。

图 9.57 软件装载页面

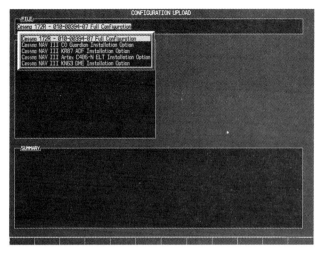

图 9.58　配置装载页面

　　当原有的飞行显示器装回原位或相对一侧时，无须任何操作。安装一个新的飞行显示器时，必须重新安装软件及 Jeppesen 导航数据库，无须加载设置文件。

　　当原有音频控制板装回时，无须任何操作。安装新的音频控制板后，若软件版本号不正确则必须重新加载软件及设置文件。如果软件版本号正确，则只需重新加载设置文件。

　　当原有集成电子组件装回原位或相对一侧时，无须重装软件，但交换位置后要重新加载设置文件。安装一个新的集成电子组件后，若软件版本号不正确则必须重新加载软件和设置文件。若软件版本号正确，则只需要加载设置文件。

　　当原有姿态航向基准系统/磁传感器装回时，无须重装软件。新的姿态航向基准系统/磁传感器若软件版本号正确也不用重装软件。更换姿态航向基准系统设置模块后也不用重装软件。如果姿态航向基准系统安装架松动或更换了磁传感器或更换了姿态航向基准系统设置模块，则必须对罗盘系统进行校验。

　　当原有大气数据计算机装回时，无须重装软件。若安装的新的大气数据计算机的软件版本号正确时，只需加载设置文件，否则应重新加载软件及设置文件。更换了大气数据计算机的配置模块后必须重新加载设置文件。

　　当原有机体/发动机接口组件装回时，无须重装软件。安装新的新的机体/发动机接口组件时若软件版本号正确，只需重新加载设置文件，否则应重新加载软件及设置文件。

当原有应答机装回时，无须重装软件。安装新的应答机时，若软件版本号正确，只需重新加载设置文件，否则应重新加载软件及设置文件。

对于选装了 KR87 ADF 和一氧化碳（CO）探测器的赛斯纳 172 飞机，如果重新加载了第 2 部集成电子组件的设置文件，则必须加载 KR87 和 CO 探测器的设置文件，否则 PFD 上将不能显示 ADF 方位信息，也不能看到 CO 探测器的状态。

3. 排查故障

G1000 系统发生故障时的处理流程如下：

（1）检查 PFD 和 MFD 上各参数显示区域是否有红叉。

（2）检查 PFD 上是否有红色的警告和黄色的告诫信息。如果有，最好用笔记录下来。

（3）检查 PFD 上是否有故障描述信息。按压 PFD 上最右边的 ALERTS 软键，在弹出的故障描述信息窗口中将罗列出目前系统存在的故障。如果有，最好用笔记录下来。

（4）在 MFD 上，用飞行管理系统旋钮选择第 5 个辅助页面，检查是否有部件的状态栏出现红色的叉。

（5）根据最新版 G1000 系统航线维护手册的第二章"排故"，查表确定对相应的现象应采取的排故措施。

9.4　普通仪表型与 G1000 型对比

9.4.1　发动机仪表

普通仪表型的发动机仪表由几个分立式仪表构成，主要安装在左仪表板的左侧。G1000 型的发动机参数集中在右仪表板上 MFD 的左侧显示。普通仪表型无气缸头温度表（CHT），排气温度表（EGT）只装有 1 个温度传感器，而 G1000 系统有 4 个排气温度传感器和 4 个气缸头温度传感器，可以监控全部 4 个气缸的工作情况，如图 9.59 所示。

普通仪表型的发动机转速表是一个机械式仪表，由发动机机匣上的一根软轴直接传动。而 G1000 型在发动机机匣上有一个转速传感器（见图 9.60），将发动机的转速转换成电信号后，传送给机体/发动机接口组件进行处理，转换成数字信号，最后在 MFD 上的发动机参数指示区指示出来。普通仪表型发动机转速表的下部有一个时间窗口，指示出发动机的转速时间。G1000 型上也会指示出转速时间，该时间是由 G1000 系统用软件计算出来的，当 G1000

系统的主设置模块故障时会导致 G1000 型的转速时间累计出错。发动机的转速时间与发动机的运行时间（Hobbs Time）不同，它是按发动机的实际转速折算过来，总是少于运行时间。赛斯纳 172 飞机上当发动机转速为 2 300 r/min 时，转速时间与标准时间的比例关系为 1∶1，转速降低时，转速时间计时将变慢。

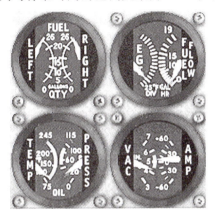

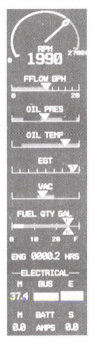

图 9.59　发动机仪表对比

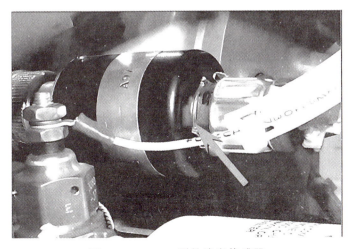

图 9.60　G1000 型转速表传感器

普通仪表型是通过测量燃油分配器处的燃油压力来测量燃油流量的，普通仪表型的燃油流量传感器实际上是一个压力传感器，压力转换成电信号后传输到燃油流量指示器指示出来。G1000 型采用了单独的燃油流量传感器，该传感器安装在燃调和分配器之间的燃油管路上。

9.4.2　罗盘系统

普通仪表型没有安装罗盘系统，只有一个气动方位仪（见图 9.61），如果要指示磁航向，必须每隔几分钟根据磁罗盘的读数人工地修正方位仪的指示，误差较大，且需耗费飞行员精力。G1000 型的姿态航向基准系统提供了一个虚拟的罗盘系统，正常情况下会在 PFD 上显示一个电子式的水平状态指示，指示出飞机的磁航向，指示比较准确，且由系统自动进行误差校准，不需飞行员干扰。

图 9.61　普通仪表型的方位指示仪表

9.4.3　CDI 和 ADF 指示器

普通仪表型上安装了两个独立的航道偏离指示器，分别与两部 KX 155A 通信/导航收发机配对使用，并且安装了一个单独的 ADF 指示器。G1000 型把

PFD 下半部分的 EHSI 作为 CDI 来使用，如图 9.62 所示。通过按压 CDI 软键来选择用哪一个导航信号源（GPS、NAV1 或 NAV2）作为驱动 EHSI 的航道偏离杆的信号。ADF 的方位角也可在 EHSI 上指示，但必须先用显示器下方的 BRG1 或 BRG2 软键选择 ADF 作为信号源，然后才能在 PFD 上看到 ADF 的指示。

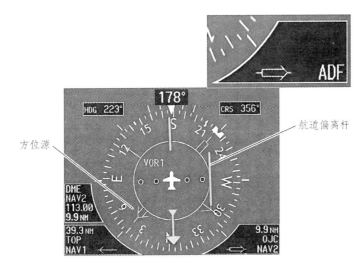

图 9.62　G1000 型方位指示仪表

9.4.4　飞行仪表

普通仪表型的飞行仪表集中安装在左仪表板上最容易观察的位置，包括 1 个空速表、1 个气动地平仪、1 个气压高度表、1 个转弯侧滑仪、1 个气动方位仪和 1 个升降速度表。G1000 型上驾驶领航仪表全部显示在 PFD 上，地平仪显示在 PFD 的上部中央，两边显示空速、气压高度和升降速度，航向显示在 PFD 下部中央的 EHSI 上，转弯速度也显示在 EHSI 上。

9.4.5　通信/导航收发机

普通仪表型安装了两部 KX155A 甚高频通信/导航收发机，而第二部 KX155A 不带下滑接收功能。G1000 型安装了两部集成电子组件，均包含了甚高频通信、VOR/LOC/GS 接收机，并且还包含了 GPS 接收机，两部集成电子组件的结构完全相同。

普通仪表型单独安装了一部 KLN-94GPS 接收机，G1000 型的两部集成电子组件都具有 GPS 接收能力。普通仪表型的两根通信天线是不同的，左侧的通信天线型号是 CI2480，内含 GPS 天线，右侧的通信天线是 CI248，不含 GPS 天线。G1000 型的两根通信天线都是 CI2480，都含有 GPS 天线。

普通仪表型的音频板是 KMA28。G1000 型的音频板是 GMA1347 数字音频控制板，与集成电子组件之间传送的是数字音频信号。

普通仪表型的 KT76C 应答机是一个 A/C 模式的应答机。G1000 型的 GTX33 应答机是一个 S 模式应答机。普通仪表型的应答机的编码气压高度信息是由 SSD 120-30A 高度编码器提供的。G1000 型上没有单独的高度编码器，应答机所需要的编码气压高度信息是由 GDC74A 大气数据计算机提供的。

9.4.6　警告系统

普通仪表型上专门安装了一个警告灯板，如图 9.63（a）所示。G1000 型没有专门的警告灯板，所有的警告信息均在 PFD 和 MFD 上以符号和文字的方式给出，不同级别的警告信息显示不同的颜色，如图 9.63（b）所示。对于警告级信息，G1000 型还会给出音响提示。

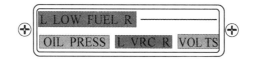

（a）普通仪表型

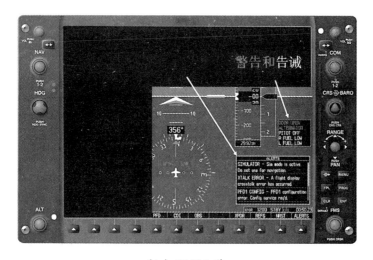

（b）G1000 型

图 9.63　警告系统比较

9.4.7 燃油量指示系统

普通仪表型和 G1000 型的燃油量传感器是完全相同的，都是浮子式的传感器，每侧油箱各一个。普通仪表型用一个独立的油量表指示两个油箱的燃油量，G1000 型的燃油量在 MFD 的发动机参数指示区以带状图的形式指示，如图 9.64 所示。普通仪表型的油量表与传感器是直接用导线连接起来的，没有其他部件，也没有连接插销，油量表处理的是电阻信号；G1000 型的油量表传感器与机体/发动机接口组件之间有一个信号调节器，用于把传感器的电阻信号转换成电压信号送入机体/发动机接口组件。

（a）普通仪表型　　　　　　（b）G1000 型

图 9.64　油量表比较

在普通仪表型机上，当任一个油箱的油量低于 5 US gal 时，60 s 后警告灯板上都会有相应的低燃油量警告。该警告信号是由油量表产生，传输到警告灯板的。当任一传感器短路或开路时，60 s 后油量表同样会输出低燃油量警告信号，同时油量表的指针会指到 0 刻度以下。G1000 型的燃油量以带状图的形式表示。带状图用红、黄、绿来表示当前燃油量是否充足。当 G1000 型的燃油量传感器故障（短路或断路）时，MFD 将会去掉相应一侧的燃油量指示，并在该处显示一个红色的叉。

9.4.8 真空系统

普通仪表型的真空系统是一个双泵真空系统，上下两个真空泵的旋转方向是不同的，上部真空泵逆时针方向转动，下部真空泵顺时针方向转动。G1000 型的真空系统取消了下部的真空泵，是一个单泵真空系统。因为普通仪表型是双泵真空系统，所以普通仪表型比 G1000 型还多使用了一个真空总管，用来把两个真空泵连接到同一真空管路中。G1000 型比普通仪表型多了一个真空度传感器，用来向 G1000 提供真空度信号。

9.5 飞行参数记录

安装 G1000 综合航电系统的赛斯纳 172 飞机可自动记录飞行参数数据，包含飞行数据、通信数据、发动机数据等共计 64 个。数据使用 MFD 上的 SD 卡进行储存，当 MFD 通电后每秒记录一次，文件格式为.csv，可以使用 Microsoft Excel 或其他适用的软件打开。飞行参数数据代码的含义见表 9.4。

表 9.4　飞行参数数据代码含义

代码	含义	代码	含义
Lcl Date	当地日期	E1 CHT4	4 号气缸头温度
Lcl Time	当地时间	E1 EGT1	1 号气缸排气温度
UTCOfst	时区	E1 EGT2	2 号气缸排气温度
AtvWpt	当前航路点	E1 EGT3	3 号气缸排气温度
Latitude	纬度	E1 EGT4	4 号气缸排气温度
Longitude	经度	AltGPS	GPS 高度
AltB	气压高度（英尺）	TAS	真空速
BaroA	高度基准设定（英寸汞柱）	HSIS	HSI 信号源
AltMSL	平均海拔高度	CRS	航道
OAT	外界大气温度	NAV1	1 号导航接收机频率
IAS	指示空速	NAV2	2 号导航接收机频率
GndSpd	地速	COM1	1 号通信收发机频率
VSpd	垂直速度	COM2	2 号通信收发机频率
Pitch	俯仰姿态角	HCDI	水平航道偏离指示
Roll	滚转姿态角	VCDI	垂直航道偏离指示
LatAc	侧向加速度	WndSpd	风速
NormAc	正向加速度	WndDr	风向
HDG	航向	WptDst	Waypoint 航路点
TRK	航迹角	WptBrg	航路点方位
volt1	电压 1	MagVar	磁差
volt2	电压 2	AfcsOn	自动飞控开/关
amp1	电流 1	RollM	滚转模式
amp2	电流 2	PitchM	俯仰模式
FQtyL	燃油量指示左	RollC	滚转指令

代码	含义	代码	含义
FQtyR	燃油量指示右	PichC	俯仰指令
E1 FFlow	燃油流量指示	VSpdG	升降速度
E1 OilT	滑油温度指示	GPSfix	GPS 工作模式（2D/3D）
E1 OilP	滑油压力指示	HAL	水平警告限制
E1 RPM	发动机转速	VAL	垂直警告限制
E1 CHT1	1号气缸头温度	HPLwas	水平保护级别（SBAS）
E1 CHT2	2号气缸头温度	HPLfd	水平保护级别
E1 CHT3	3号气缸头温度	VPLwas	垂直保护级别（SBAS）

第 10 章
发动机

赛斯纳 172 飞机配置了一台美国莱康明发动机公司生产的四缸活塞发动机，发动机型号为 IO-360-L2A。该型发动机为水平对置、直接驱动（无减速器）、燃油喷射、空气冷却、自然吸气式四冲程航空活塞发动机。从发动机后部向螺旋桨看，螺旋桨向右旋转，也就是顺时针旋转，通常被称为右旋发动机。从发动机后部向螺旋桨看，发动机右边气缸编号从前往后依次为 1 号气缸和 3 号气缸；左边从前往后依次为 2 号气缸和 4 号气缸，如图 10.1 所示。

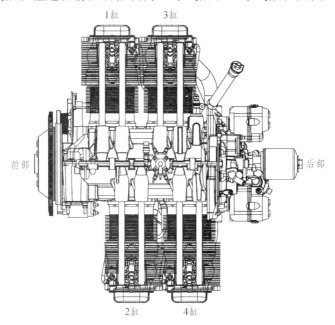

图 10.1　IO-360-L2A 发动机俯视图

型号 IO-360-L2A 含义为：

I——发动机燃油系统为燃油喷射式；

O——气缸为水平对置；

360——气缸的总工作容积，立方英寸（cu in）[1]；

---

[1] 1 cu in=16.39 mL。

L2A——表示该发动机的附件机匣构型、配重构型和磁电机等部件与其他 IO-360 发动机有区别。

IO-360-L2A 发动机包括主要发动机本体和附件系统两大部分。发动机本体结构主要包括主机匣、曲轴、连杆、气缸活塞组件、气门机构、附件机匣及附件传动机构和收油池等。附件系统包括点火系统、滑油系统、起动系统、燃油系统和散热系统等。

该发动机点火系统为磁电机式点火系统，装用 2 台美国冠军（Champion）公司生产的 Slick 4371 型磁电机，配置有冲击联轴器，有助于发动机起动点火提供足够的能量。润滑系统为全压力湿式滑油箱润滑系统，重力回油。采取压力润滑、泼溅润滑以及二者相结合的方式对发动机各部件进行润滑。长时间大坡度下滑或进行复杂的特技飞行时易导致滑油系统供油中断，致使发动机或部附件失效。该型发动机采用电起动，带有真空泵，发电机和真空泵可供给飞机所需的低压直流电和压缩空气。燃油系统为燃油喷射式。燃油喷射器可以通过感测空气流量来确定所需的燃油量。其调节器内一个带芯杆的薄膜将空气力转换成燃油力，由燃油力来控制计量燃油部分，从而得到与空气流量成正比的燃油量。燃油通过喷嘴在进气门处雾化后随空气混合一起被吸入发动机气缸进行燃烧。燃油喷射器是发动机燃油系统的重要部件，它能精确计量发动机不同工作状态下所需的燃油量，并使计量出的燃油与空气较充分地混合，再进入气缸，使发动机工作发挥最佳性能。

10.1　发动机概述

10.1.1　莱康明发动机公司

莱康明发动机公司（Lycoming Engines）是世界领先的往复式活塞航空发动机设计和制造商，工厂总部位于美国宾夕法尼亚州的威廉斯波特市。该公司制造了超过 32.5 万台的航空活塞发动机，数量占全球通用航空器动力市场的一半，拥有最完整的对置式、风冷发动机生产线，产品包括四缸、六缸和八缸发动机，动力范围为 100～400 ps。

莱康明发动机公司的前身是艾伦柯蒂斯·德莫雷斯特夫人（时尚达人，发明了可大量生产的纸巾图案）于 1845 年创立的德莫雷斯特时装和缝纫机公司（有时也称为德莫雷斯特制造公司）。1907 年，德莫雷斯特公司被出售并重组为莱康明铸造和机器公司；1929 年，莱康明制造了第一台 9 缸星形航空发动机 R-680。1939 年，莱康明公司被重组进入 AVCO 集团，同时生产航空活塞发动机和涡轮发动机，活塞发动机生产线在威廉斯波特工厂，涡轮发动机生产线在斯特福德工厂。1987 年，德事隆集团收购 AVCO 集团后，成为了德事隆莱康明（Textron Lycoming）。1994 年，德事隆集团将莱康明涡轮发动机部门出售给 Aillied Singal，与 Aillied Singal 的 Garrett 发动机部门合并，该部分于 1999 年成为霍尼韦尔航空航天的一部分。2002 年，德事隆莱康明更名为莱康明发动机（Lycoming Engines）。现在的莱康明公司是德事隆航空集团的一部分，在威廉斯波特生产航空活塞发动机。

10.1.2　IO-360-L2A 性能参数

赛斯纳 172 飞机有 R 型和 S 型之分，莱康明 IO-360-L2A 发动机用于不同型号赛斯纳 172 飞机上额定转速和功率不同，装在赛斯纳 172R 飞机上为 160 hp/（2 400 r/min），装在赛斯纳 172S 飞机上为 180 hp/（2 700 r/min），R 型和 S 型飞机发动机铭牌是一样的。发动机主要技术性能参数见表 10.1。

表 10.1　IO-360-L2A 性能参数

发动机型号	IO-360-L2A
FAA 型号合格证（TC）	1E10
额定功率/hp	160/180
额定转速/（r/min）	2 400/2 700
气缸数量	4 缸，水平对置
总容积/cu in	361.0
气缸内径/in	5.125
活塞行程/in	4.375
压缩比	8.5∶1
点火次序	1-3-2-4
提前点火角	25°
气门与摇臂间隙/in	0.028～0.080（干间隙）
螺旋桨与发动机转速比	1∶1
螺旋桨旋向（从发动机后部看）	顺时针
磁电机	4371
点火电嘴拧紧力矩/（in·lb）	420
燃油喷射器	RSA 5AD1 或 LFR-NNSS5
燃油消耗量/（US gal/h）	75%额定功率，约 8.8； 65%额定功率，约 7.6

续表

滑油系统参数	
最小滑油压力/psi	25（慢车）
正常工作压力/psi	55～95
最大滑油压力/psi	115（起动、暖机、起飞、滑行）
正常工作温度/℉	160～245
最大滑油温度/℉	245
滑油量（运转时）/quart	8.0
收油池最少安全滑油量/quart	2.0
最大滑油消化率/（quart/h）	0.52
气缸头温度	
最大气缸头温度/℉	500
最佳缸头温度范围/℉	建议限制在 150～400 以内
经济巡航功率（65%额定功率）	（2 080 r/min）/104 hp
发动机重量和尺寸	
发动机净重/lb	278
发动机尺寸/in	H:24.84 W:33.37 L:29.81

10.1.3 IO-360-L2A 发动机构造

赛斯纳 172 飞机发动机结构主要由机匣、曲轴、气缸活塞组件、连杆、气门机构、附件机匣及传动机构以及收油池几个部分组成。其中，重要受力机件包括机匣、曲轴、气缸活塞组件和连杆，这些机件在工作时要承受很大的交变应力和热负荷，更容易出现故障导致发动机失效，所以在日常维护过程中应特别注意。

1. 机 匣

机匣是发动机所有部件的基座，由铝合金铸造而成的左右两半机匣组成，使用贯穿螺栓、固定螺桩和螺母安装在一起，如图 10.2 所示。两半机匣配合面之间使用密封胶和丝线进行密封，铸件上加工有主轴承安装孔和凸轮轴安装孔。机匣承受部件传递来的各种力，特别是作用在机匣上面的振动力和各种周期性应力。最主要的受力包含：

（1）气缸对气缸安装面的拉力。气缸固定在机匣上，而活塞工作时所产生的力的趋势是将气缸从机匣上拔出，因此机匣必须要将气缸牢固地固定在机匣上面。

（2）曲轴的离心力和惯性力。曲轴在进行旋转工作时，其主要作用是平衡活塞产生的力，如果有一些未被曲轴平衡的离心力和惯性力，这些力必然就作用在机匣上面，而这些力基本上是以扭矩的形式作用在机匣上，同时这些扭矩的大小和方向又都是在连续变化的，所以机匣要有足够的刚度来承受这些扭矩。

（3）螺旋桨产生的拉力。螺旋桨拉力是通过机匣传递到飞机上的，所有这些力和由这些力所产生的附加力也是作用在机匣上的，所以容易导致机匣某些部位出现裂纹和贴合面出现微震腐蚀。

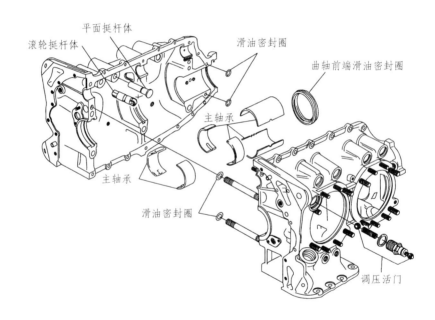

图 10.2　发动机机匣

2. 曲　轴

IO-360-L2A 发动机使用的是多曲柄曲轴，由铬镍钼钢锻件构成，是发动机受力最大的部件之一。IO-360-L2A 发动机曲轴具有结构紧凑、重量轻和强度高的特点，由主轴颈、曲柄、曲臂、轴头、轴尾等部分组成，通过主轴颈支撑在机匣上，如图 10.3 所示。

曲轴的作用是将活塞的直线往复运动转变为旋转运动，使螺旋桨转动。曲轴的曲颈和曲柄表面都经过渗氮处理，增加了表面的耐磨性，曲轴上螺旋桨安装凸缘表面未进行渗氮处理，表面仅镀一层防腐金属镉，维护时应避免划伤，预防曲轴腐蚀和裂纹。曲柄是空心的，这不但可以减轻曲轴的重量，还可为滑油提供通道，同时也是一个收集油泥、积碳和其他杂质的空腔，滑油流动越多，清洁效果越好。

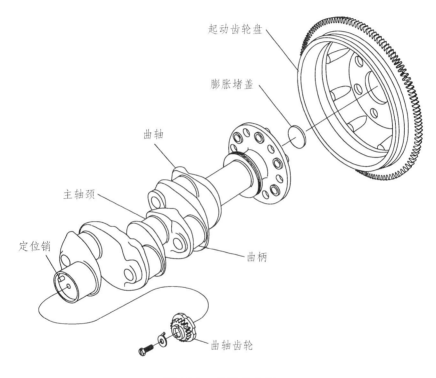

图 10.3　发动机曲轴

3. 气缸活塞组件

气缸活塞组件包括气缸头、气缸筒、活塞、活塞销、活塞销堵盖、涨圈，如图 10.4～图 10.6 所示。它是燃油、空气混合气燃烧的地方，将燃油的热能转变为机械能。发动机工作时，气缸活塞组件中各机件都处于高温、高压环境中，承受巨大的机械负荷和热负荷。为了保证其工作可靠，设计和制造单位，根据气缸活塞组件的受力、受热情况，从构造和生产工艺上采取了相应的强化措施。对用户而言，在使用、维护中应当防止气缸活塞组件中各机件因受力、受热过于严重而出现裂纹或烧蚀等故障。

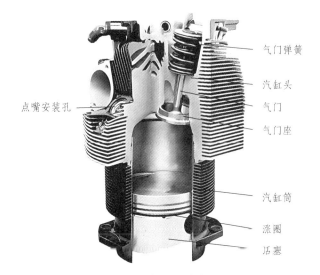

气门弹簧

汽缸头

气门

气门座

点嘴安装孔

汽缸筒

涨圈

活塞

图 10.4　气缸活塞组件

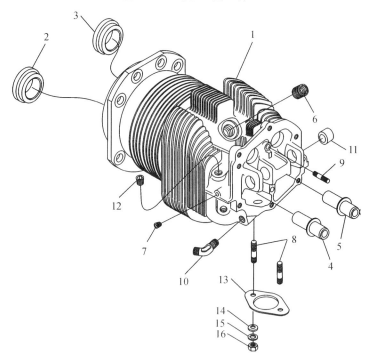

1—气缸组件；2—进气门座；3—排气门座；4—进气门导套；5—排气门导套；
6—电嘴安装座螺旋线圈；7—线圈；8，9—螺桩；10—滑油回油管接头；
11—衬套；12—堵头；13—排气垫片；14—垫片；15—锁垫片；16—螺母。

图 10.5　气缸组件示意图

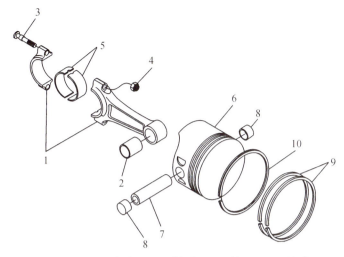

1—连杆组件；2—衬套；3—螺杆；4—螺母；5—轴瓦；6—活塞；7—活塞销；
8—活塞销堵头；9—密封涨圈；10—刮油涨圈。

图 10.6　活塞组件示意图

1）气缸头

气缸头由具有良好导热性的铝合金铸造而成，加热后通过螺纹与气缸筒旋压成为一个整体，如图 10.7 所示。气缸头采用空气冷却，设计了用于冷却的散热片。气缸头提供混合气燃烧的空间，在气缸头上安装有进气门和排气门组件（包括硬质合金气门座、气门导套、气门弹簧和弹簧座等）、进排气门摇臂安装座（含青铜衬套），加工了两个带钢制螺旋线圈的电嘴安装孔。气缸头上靠近进气门附近处还安装有一个喷油嘴。气缸头内为半球形燃烧室，其强度高，气流进出气缸转弯最小，在高转速下仍能保持满意的充填量，能快速、彻底地排出废气。工作时，气缸头需承受极高的温度，因此气缸头散热片高度最高，以提供足够的散热面积，并使用铝合金这种导热好的材料制造。由于气缸头各处的温度不相同，所以各处散热片的多少也不一样，排气门周围的散热片比进气门周围的散热片多而且面积大，这种设计可使气缸头各部分的温差尽可能的小。

2）气缸筒

发动机气缸筒由特种钢制成，中部有很深的整体散热片，下部有安装边，安装边上有固定气缸用的 8 个圆柱形螺栓孔。通过螺栓孔，每个气缸由大小各 4 颗六角螺母紧固连接在机匣上，在气缸安装边下面垫有橡胶密封圈。为了提高其耐磨性和硬度，气缸筒内壁一般都要经过渗氮和珩磨处理，以达到规定的光洁度和交叉花纹，呈 45°的交叉网纹则有利于调节滑油储存能力和提高内壁抗划伤能力。

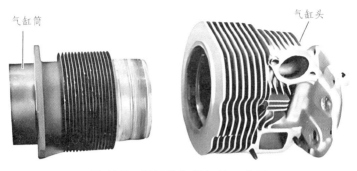

气缸筒　　　　　　　　　　　　　　　气缸头

图 10.7　气缸头和气缸筒示意图

由于气缸筒上部比下部温度高，发动机工作时将使气缸筒上部膨胀比下部膨胀大而变成锥形，引起活塞与气缸的间隙和涨圈的开口间隙在活塞靠近上死点位置时增人，造成气缸活塞组件各机件的工作条件变差。为了消除这种受热不均匀对发动机工作的影响，在制造时，采用了下大上小收缩变形的气缸筒设计。气缸头和气缸筒用螺纹连接，为了增加结合紧度，气缸头的螺纹直径比气缸筒的稍小，连接时将气缸头加热到 300～320℃，使其膨胀后拧到气缸筒上，这样当气缸头冷却后直径缩小，使气缸头和气缸筒紧密地结合在一起。同时，气缸筒上部被迫收缩成圆锥形，当发动机工作时，由于气缸筒上部受热比下部大，而且膨胀较多，气缸筒又变成圆柱形。另外，气缸各部受热不均匀，必然导致各部分膨胀不一致，容易引发气缸头裂纹、翘曲等故障。因此，在使用过程中要防止气缸头温度过高和温度急剧变化。

为了防腐，气缸组件外表面都喷涂了油漆。为了区别气缸筒类型和需使用何种类型电嘴的气缸，分别在气缸筒与电嘴孔之间的散热片和电嘴孔与摇臂室之间的散热片喷涂有不同的颜色来标示，如气缸筒与电嘴孔之间的散热片为深蓝色则表示气缸筒经过渗氮处理，而橙色则表示经过镀铬处理；电嘴孔与摇臂室之间的散热片为蓝色或发动机灰色则表示该气缸使用短电嘴，而涂有黄色油漆则表示气缸使用长电嘴。IO-360-L2A 发动机气缸外表面通常仅在气缸筒与电嘴孔之间的散热片区域涂有蓝色油漆，即该发动机使用渗氮硬化气缸筒和短电嘴。

3）活　塞

活塞的结构分为三部分：活塞顶、活塞头和活塞裙，如图 10.8 所示。活塞顶为平顶，它具有易于加工，受力均匀，强度较高，顶部吸热面积小等特点。活塞顶因承受燃气压力，所以比较厚，活塞顶无凹槽，某些发动机活塞顶设计有凹槽是为了防止与气门相碰撞。活塞头是活塞顶到活塞销孔的高度范围，在活塞头上有涨圈槽，分别为气密涨圈槽和刮油涨圈槽，在刮油涨圈槽底钻有油孔。为加强活塞头部的强度，该处设计得较厚。活塞裙是指活塞头的下部区域，主要起导向作用，并将活塞的侧压力传给气缸壁。活塞裙上部有活塞销孔，为增强销孔的强度，在销孔的内端沿孔的周围有加强筋，以形成销座。

由于活塞在工作过程中要承受很大的热负荷和机械负荷，所以活塞使用导热性良好又有足够强度的铝合金锻造后加工而成。在活塞上加工有三道涨圈安装槽，顶部两道为楔形气密涨圈的安装槽，最下部一道为内部有弹簧圈的刮油涨圈的安装槽。工作过程中大部分的热量是经过活塞涨圈传导到气缸上，再通过散热片传出。发动机工作时，活塞顶部到活塞裙的温度逐渐下降，其膨胀量是上大下小，所以，活塞预先制成上小下大的锥形体，受热膨胀后，活塞上下直径接近一致。由于沿活塞销孔方向的金属材料多于垂直销孔方向，加之在销孔方向受力较大，活塞在高温下工作时，就会变成长轴在销孔方向的椭圆形。因此，活塞也预先制成椭圆形，其长轴在垂直于活塞销孔方向，这样正常工作时活塞就接近正圆形，以此保证活塞周围间隙均匀。

图 10.8　活塞

4）活塞销和堵盖

活塞销是由镍钢合金制成，空心结构。活塞销两头连接在活塞上，中间部分连接在连杆小端上，在工作过程中活塞销可以自由转动。活塞销表面经硬化处理后再进行磨削加工，因此活塞销的耐磨性比较强。在装活塞销的活塞两边铣去了一部分，目的是减轻活塞重量。在活塞销的两端装有活塞销堵盖，用铜制成，以防活塞销与气缸壁直接摩擦。

5）涨　圈

涨圈有镀铬涨圈和普通涨圈之分，莱康明发动机公司为匹配缸筒内表面渗氮硬化处理的气缸，目前提供的涨圈由低碳钢加表面镀铬制成，其硬度比渗氮硬化内壁低。如果气缸筒进行了翻修，渗氮气缸筒珩磨至加大尺寸后进行了镀铬表面处理，那么只能使用加大尺寸的普通涨圈。涨圈安装在活塞上的涨圈安装槽里，借助本身的弹力，紧压在气缸壁上。活塞上气密涨圈的作用是避免燃气通过活塞向机匣内部泄漏和清除积碳。它们位于活塞的最上部两处安装槽内，横截面为梯形，可以提高抗积碳的能力，涨圈的端面与涨圈槽的配合间隙随活塞在侧向力作用下作横向摆动而改变，能将槽中的积碳挤掉，防止涨圈因积碳堆积卡滞断裂；同时在附加侧压力的作用下使涨圈靠紧气缸壁，既能清除气缸筒内壁上的积碳，还能够保持燃烧室内的气密性。在两道气密涨圈之下安装的是刮油涨圈，其作用是控制气缸筒内壁上滑油油膜的厚度，并使渗到燃烧室中的滑油量降到最小，如果进入燃烧室的滑油过多，一方面造成滑油消耗量过大，另一方面，滑油燃烧后，在燃烧室壁上、电嘴上及气门头上留下很厚的积碳层，这些积碳如果进入到涨圈槽或气门导套内，就可以使气门或活塞与涨圈粘住。此外，这些积炭还可以引起电嘴点火迟延、早燃、爆震。一般挡油涨圈位于紧挨严涨圈下面在活塞销铝塞的上面，大多数航空活塞式发动机的每个活塞上都安装有一道或两道挡油涨圈。在活塞的涨圈槽上开有很多小孔，使过剩的滑油流回到机匣。涨圈具有良好的耐磨性并在高温下能够保持足够的强度，但其缺点是脆性大，容易折断，在安装前应注意检查是否有裂纹，安装时应注意避免折断。

为了防止电嘴挂滑油或燃气漏入机匣后影响发动机的正常工作，在安装涨圈时，各道涨圈的开口应互相错开。涨圈安装时各缺口互成 120°，且刮油涨圈的缺口与收油池方向呈 180°，避免过多的滑油通过刮油涨圈缺口进入燃烧室。涨圈装在涨圈槽内上下有一定的间隙，它使涨圈具有一定的"泵"作用，不断地将滑油由气缸壁下部抽向燃烧室，确保涨圈能起到润滑和密封作用。

4. 连 杆

连杆是主要的受力件，由高强度合金钢制成。连杆的作用是将活塞与曲轴连接起来并在曲轴和活塞间传递机械功，将活塞的往复直线运动转变为曲轴的旋转运动。连杆必须有足够的强度，以便在承受负荷时，能保持刚性；它还必须足够轻，以便减少当连杆和活塞停止运动、改变方向以及从每个行程死点再次开始运动时的惯性力。连杆主要分为普通连杆、叉片型连杆和主副连杆三种类型，IO-360-L2A 发动机上安装的是普通连杆，该连杆分为小端、杆身和大端三部分，如图 10.9 所示。这种连杆杆身截面呈 H 形，小端绕活塞销摆动，大端绕连杆轴颈转动，整个连杆又做往复运动。在水平对置式发动机的气缸中，各连杆的运动是一致的。为了便于装配，连杆大端为分开式。能够分开的那个半圆叫作连杆端盖，另一半在连杆杆身上。分开的两部分大端由两个强度大、紧度高的合金钢螺栓紧固，该螺栓为力矩型。连杆大端内装有分开式的由合金钢、青铜层、巴氏合金以及耐磨涂层制成的连杆轴瓦，具有保持油膜，减小摩擦阻力和耐磨的作用。曲轴曲柄上有油孔，以润滑曲柄和轴瓦。每块轴瓦的同一端边缘做有定位凸键，嵌入连杆端盖和另一半大端上的键槽中，在两部分大端合拢后可以防止轴瓦轴向位移和周向旋转。连杆小端内安装有青铜衬套，活塞销穿过青铜衬套与连杆小端相连接。

连杆上标记有件号，在件号后又有"A""S""E"后缀字母，后缀字母为重量代码，其含义为相同件号不同后缀字母的连杆重量（包括连杆螺栓和螺母）不同，其中字母"S"为通用型连杆，可以单独更换使用，也就是说可与带其他后缀字母的连杆混用；字母"A""E"连杆重量相差较大，不可相互混用。因此在更换连杆、活塞时应注意保持连杆、活塞重量差在规定范围内，以免影响发动机平衡。

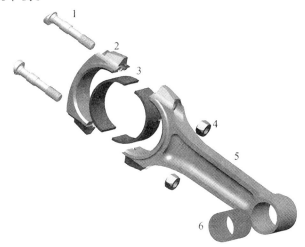

1—连杆螺栓；2—连杆大端；3—连杆轴承；4—连杆螺栓；5—连杆杆身；
6—连杆小端衬套。

图 10.9　普通连杆示意图

5. 气门机构

气门机构的作用是控制进、排气门的开启和关闭，保证适时地将混合气送入气缸和将气缸内的废气排出。发动机工作时曲轴转动，经传动齿轮带动凸轮轴转动。当凸轮轴凸轮上顶挺杆体，推杆上移经摇臂压缩气门弹簧，使气门打开；凸轮凸峰转过后，在气门弹簧作用下，气门关闭。发动机每一个气缸上都有一个进气门和排气门，它们的开启和关闭都由气门机构来控制。气门机构包括凸轮轴、挺杆体和柱塞组件、推杆、气门摇臂、气门、气门座、气门弹簧等机件。

1）凸轮轴

对于 IO-360-L2A 发动机来说，气门的操作机构是由凸轮轴来作动的。凸轮轴由曲轴通过减速齿轮带动，凸轮轴的转速为曲轴转速的一半，当凸轮转动时，凸起的部位就可以将挺杆体、推杆、摇臂作动使进气门或者排气门打开。

IO-360-L2A 发动机左、右排气缸的安装位置前后有一点错位，因而凸轮轴上的凸轮有的是控制两个气门，有的是控制一个气门。控制两个气门的有 1 缸和 2 缸的进气门、3 缸和 4 缸的进气门。排气门都各由一个凸轮控制。因而该发动机的凸轮轴上共有 6 个凸轮，如图 10.10 所示。

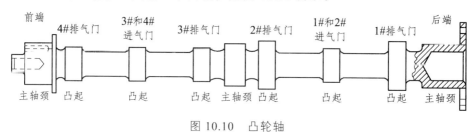

图 10.10　凸轮轴

2）液压挺杆体和柱塞组件

挺杆体为圆筒形，有平面型或滚轮型端头，它在机匣内滑进滑出，将凸轮的旋转运动转变为往复运动，然后再将这个运动传给推杆、摇臂，最后传给气门，按时打开和关闭气门。

柱塞组件为圆柱形，由柱塞体、活塞、弹簧构成，柱塞体内还有一个球形单向活门，只允许滑油从外部进入到活塞腔内，如图 10.11 所示。

液压挺杆柱塞组件，它的最大好处是在工作时能够自动地保持气门的间隙为零，这样就不需要安装任何气门间隙的调整机构。柱塞在滑油的液压作用下，一直保持着与柱塞座的紧密接触，这样就保证推杆与摇臂总有一个作用力，也就始终保持着推杆与摇臂之间没有间隙，即气门间隙为零。气门间隙是指气缸气门全关时摇臂和气门杆末端（气门顶）存在一定的间隙，而液压挺杆柱塞组件只能在一定的间隙范围内使气门间隙自动保持为零。这个范围由气门干间隙决定，发动机长时间工作会导致机件磨损，就会超出液压挺杆组件自动调节的范围，可以通过更换不同长度的推杆来控制气门干间隙在一定范围内，从而保证液压挺杆柱塞组件一直能使气门间隙自动保持为零。

发动机工作时，当气门关闭，滑油经挺杆体和柱塞体的单向活门进入柱塞腔，活塞便在柱塞腔的油压及弹簧的作用下上升，压紧气门推杆。此时，活塞的上升力不足以克服气门弹簧的张力，气门不会被打开而仅是消除了整个气门机构中的间隙，而柱塞腔已充满滑油，单向活门在油压及弹簧的作用下关闭，切断了油路。当凸轮转到工作面时挺杆活塞组件上升，气门弹簧张力通过气门推杆作用在柱塞上，但此时单向阀已关闭使油液无法溢出，而油液具有的不可压缩性使得挺杆柱塞组件像一个整体一样推动着气门开启。在此过程中，由于柱塞腔内油压很高，有少许油液通过柱塞体与活塞的间隙处泄漏出去而使挺杆柱塞组件工作长度"缩短"。当凸轮转过工作面时挺杆柱塞组件下降，气门关闭，柱塞腔内的油压也随之下降，于是主油道的压力滑油又再次推开单向活门注入柱塞腔内，补充油液，重复循环以上动作。

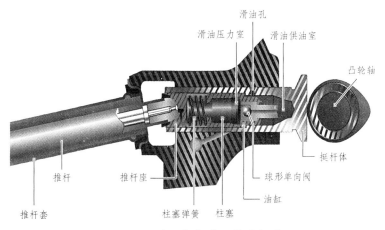

图 10.11　液压挺杆体和柱塞组件

3）推　杆

推杆中间段为管形，两端为半球形。其作用是将挺杆柱塞组件传递来的力再传递给摇臂。管形的推杆不但轻，而且强度高，它可以使发动机润滑油在压力的作用下，穿过空心的杆去润滑摇臂、气门杆、气门弹簧等机件。推杆安装在推杆套内。

4）气门摇臂

气门摇臂将凸轮经过挺杆柱塞组件和推杆传递过来的力传递给气门。气门摇臂一端支承推杆，另一端支承气门杆。推杆内的滑油可进入摇臂内的滑油通道，润滑摇臂和摇臂轴，再流经气门杆和气门弹簧，最后通过回油管回到收油池。

5）气门、气门座和气门弹簧

气门分为进气门和排气门。从形状上看，气门一般分为蘑菇式(菌式气门)和喇叭式两种，IO-360-L2A 发动机采用的是蘑菇式气门。气门由气门头、气门杆、气门颈、气门顶组成，如图 10.12 所示。气门头有一个研磨过的表面，当气门关闭时，这个表面紧靠在研磨过的气门座上，形成气门密封面。气门杆安装在气缸头内的气门导套内上下运动。气门杆起引导气门头的作用。为了耐磨，气门杆表面进行了硬化处理。进气门杆是实心的，排气门杆是空心的，在空心处充有金属钠，借助液态钠的流动，可以将气门头上更多的热量传给气门杆，再通过气门导套将热量传到气缸头和散热片上。气门颈是连接气门杆和气门头的部分。气门顶是硬化过的，在气门顶附近，气门杆上开有安装气门弹簧锁扣的环形槽，这些气门锁扣形成一个锁环，卡住气门弹簧安装座。气门由用合金钢制造，能承受高温、腐蚀，也能承受气门工作时的撞击和磨损。

气门座是过盈配合安装在气缸头中的，与气门头上的研磨表面形成良好的密封。由于发动机的气门工作在高热环境之中，并且是连续不断地在开和关过程中循环工作，所以气门座由硬质合金钢制成，具有持久的耐热性和抗冲击性。

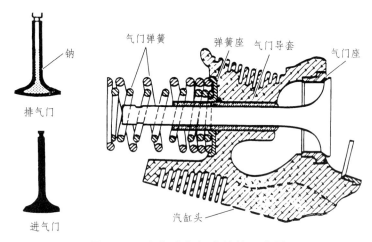

图 10.12　气门和气门座结构示意图

气门弹簧的功用是关闭气门，使其紧贴在气门座上，形成良好的密封。每个气门上安装有两个弹簧，其目的是防止在某转速下发生振动或颤振，每个弹簧将在不同的发动机转速上振动，因此，就能很快地衰减掉由发动机转动而产生的弹簧颤动引起的振动，同时也能减少弹性不足造成的危险以及由于受热和材料疲劳断裂所产生的故障。

6. 附件机匣及传动机构

1）附件机匣

附件机匣是由铝合金铸造后铣削加工而成的。附件机匣不仅为一些发动机的附件（如磁电机、燃油泵、滑油泵、真空泵、液压泵、主滑油滤安装座等）

提供安装平台，它还能和机匣以及收油池一起构成一个整体，形成封闭循环的滑油通道，如图 10.13 所示。

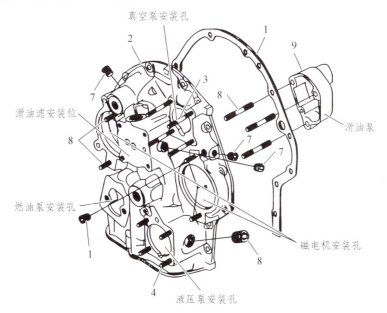

1—密封垫；2—附件机匣；3，4，5—螺柱；7，8—堵头；9—滑油泵壳体。

图 10.13　附件机匣示意图

2）传动机构

附件传动机构是利用曲轴带动发动机的所有附件运转，以配合发动机工作。莱康明发动机的大多数附件（如磁电机、真空泵、滑油泵）的传动均是齿轮传动，发电机为皮带传动，当曲轴转动时，它通过各传动齿轮按一定的转速比带动各附件工作，如图 10.14 所示。

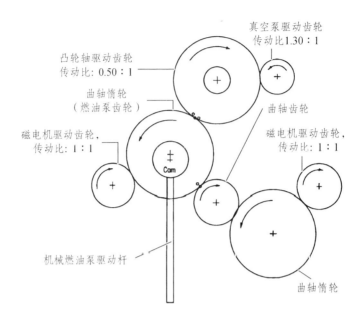

凸轮轴驱动齿轮
传动比：0.50：1

真空泵驱动齿轮
传动比1.30：1

曲轴惰轮
（燃油泵齿轮）

曲轴齿轮

磁电机驱动齿轮，
传动比：1：1

磁电机驱动齿轮，
传动比：1：1

机械燃油泵驱动杆

曲轴惰轮

图 10.14　各附件传动齿轮及传动比示意图

7. 收 油 池

收油池通常由镁铝合金铸造经铣削加工而成，除了为进气管、燃调及初级油滤提供安装平台外，还和主机匣及附件机匣一起构成一个整体，形成封闭循环的滑油通道，如图 10.15 所示。

图 10.15　发动机收油池

8. 发动机控制

发动机功率是由油门杆来控制。油门杆位于中央操纵台的电门和控制面板上。油门在完全向前推入位置时处于打开状态，而在完全向后拉出位置时处于关闭状态。摩擦锁是一个圆形带凸轮边的旋钮，位于油门杆底部。顺时针转动摩擦锁可以增加摩擦力，而逆时针转动则减少摩擦力。

安装在油门控制装置旁边的混合比控制杆是一个周边带凸点的红色旋钮，旋钮末端装有一个锁定按钮。富油位在最前端，而最后端则是慢车关断位置。对混合比进行微调时，顺时针转动旋钮使控制杆向前移动，而反时针转动旋钮则使其向后移动。对于快速调节或是调节幅度大时，按压控制杆末端的锁定按钮，就可以向前或向后移动旋钮，然后按需移动控制杆。

10.1.4 发动机本体常见故障

1. 机匣裂纹

IO-360-L2A 发动机机匣裂纹多出现于机匣前下部固定螺栓孔处，裂纹形式为贯穿裂纹。如图 10.16 所示，该螺栓孔用于两个机匣之间的连接，连接螺栓上未附加连接其他部件。但在此螺栓孔周围的区域，连接了一些部附件，如起动机、发电机，受力状况较复杂。图 10.16 所示机匣已使用 13 997 h，在第 7 次进厂翻修时荧光渗透检查发现裂纹，可能与长时间使用有关。

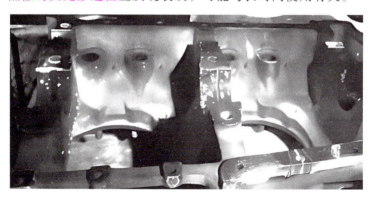

图 10.16　机匣裂纹样例示意图

2. 机匣上部贴合面处渗油

发动机机匣上部贴合面处渗油情况在旧发动机和新发动机上都可能出现。旧发动机在翻修时可能在贴合表面造成贯穿式的划伤或划痕，虽有密封剂挤压后形成的密封垫和丝线进行密封，但在发动机长时间使用过程中由于滑油蒸气的侵蚀可能会穿过密封垫和丝线在划伤或划痕处形成渗漏点。新发动机在使用过程中也可能会出现滑油从机匣上部贴合面处渗漏的情况，这是由于新发动机在出厂时，上部贴合面处的密封剂涂抹得比较薄，丝线排布时太靠近螺栓孔边缘，滑油蒸汽长时间的侵蚀可能会穿过密封垫和丝线从螺栓孔内侧处形成渗漏点。

3. 曲轴密封圈渗漏滑油

发动机曲轴密封圈渗漏滑油情况在旧发动机和新发动机上同样都可能出现。曲轴密封圈渗漏滑油分为内漏和外漏两种情况。顾名思义，内漏即为滑油从密封圈内圈与曲轴动态密封处渗漏；外漏则为滑油从密封圈外圈与机匣孔静态密封处渗漏。

内漏的主要原因为曲轴前端密封圈安装面磨损或划伤。发动机一般使用 4 000 ~ 6 000 h 曲轴密封圈安装面就会出现磨损痕迹甚至凹槽，如图 10.17 所示。这是因为曲轴在发动机内不断做旋转运动，而机匣是不动的，曲轴安装在机匣内的主轴颈由滑动轴承支撑和润滑，而露在机匣外的前端部分则是安装了一个密封圈来防止机匣内的滑油从曲轴前端位置渗漏，密封圈由于内部拉伸弹簧的拉力一直与曲轴处于接触摩擦状态，曲轴长时间运行后就会在与密封圈接触位置形成凹槽，随着凹槽的深度不断增加，密封圈的密封就会失效，滑油就会从曲轴密封圈接触位置渗漏。

而外漏的主要原因为清洁不到位、密封胶不足、固化时间不足或密封丝线排布不正确。一般在组装时，需要完全清洁曲轴密封圈安装孔和密封圈外圈，再涂抹足够的密封胶在外圈和安装孔配合表面，安装好密封圈后清洁掉多余的密封胶，最后室温下等待固化 24 h，其中任何一个环节做得不到位都将影响密封胶的密封效果造成渗漏。

凹槽形成处

图 10.17　曲轴密封圈磨损位置示意图

4. 曲轴前端膨胀堵塞漏油

赛斯纳 172 飞机使用的是定距螺旋桨，发动机上未装配调速器，所以曲轴前端回油孔使用膨胀堵塞进行了封堵，防止滑油从回油孔处渗漏。而出现曲轴前端膨胀堵塞漏油问题一般是堵塞膨胀不足导致的，如新发动机使用过程中出现堵塞漏油情况，如图 10.18 所示，这是因为新发动机安装堵塞时，敲击的冲杆工具偏小，堵塞仅中心部位变形而其他区域变形不足（膨胀不足），堵塞与曲轴密封不严，所以导致堵塞漏油。

图 10.18　曲轴前端膨胀堵塞漏油

5. 其他故障现象

发动机其他故障现象主要有发动机慢车转速超限、功率低和工作不稳定、发动机不能全功率运行、发动机抖动以及气缸温度高等。导致上述故障现象的可能原因分析以及推荐采取的措施如图 10.19 ~ 图 10.22 所示。

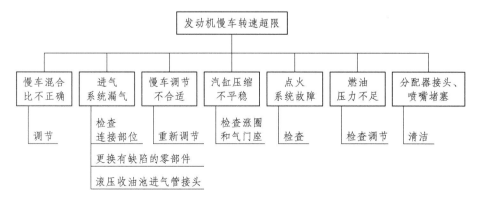

图 10.19　发动机慢车转速超限原因分析及处置

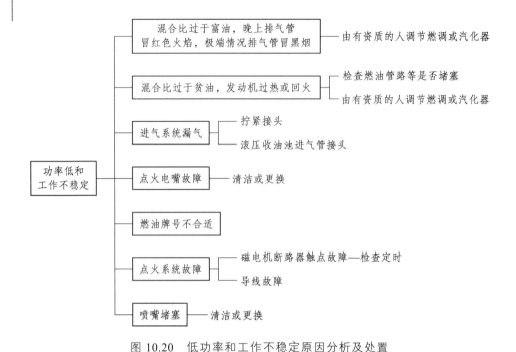

图 10.20　低功率和工作不稳定原因分析及处置

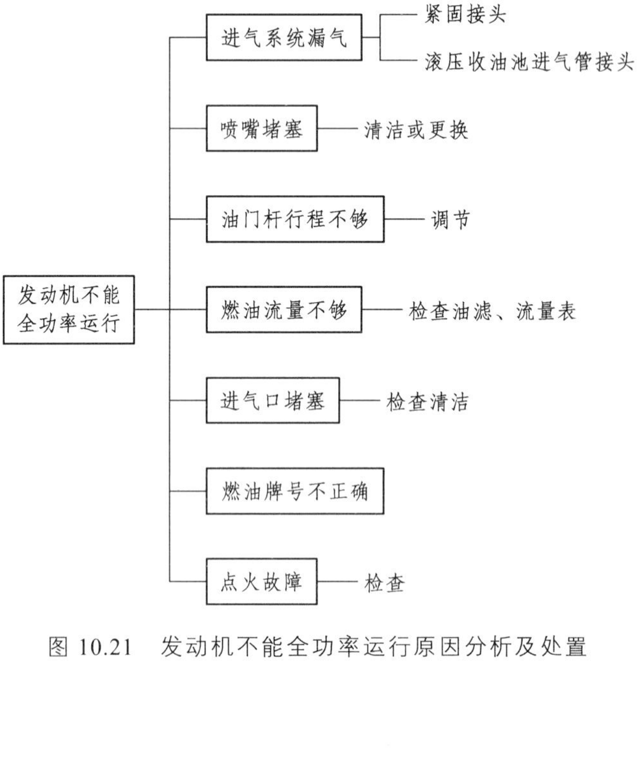

图 10.21　发动机不能全功率运行原因分析及处置

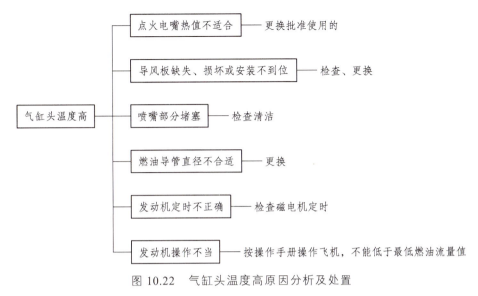

图 10.22　气缸头温度高原因分析及处置

6. 发动机日常维护与排故注意事项

发动机出现的故障通常与润滑系统、燃油系统、进气系统、点火系统等有关。根据莱康明发动机翻修和维护经验，建议工作人员在对莱康明发动机进行排故和维护时注意以下几点：

（1）日常维护中应确保发动机各系统干净无异物，发动机的工作、排故和维修记录应持续、完整，以便查阅。

（2）故障分析人员应对故障发动机各结构部件、系统有充分的了解，熟悉其工作原理。明确故障的现象，掌握故障前后发动机的使用维护情况，多方面收集故障信息，集思广益，群策群力。

（3）从最可能、最简单的原因入手，逐步、尽快地排除故障，恢复发动机性能，排故时应查阅相关的最新版莱康明维护资料，避免经验主义和盲目换件。

10.2　点火系统

10.2.1　点火系统介绍

点火系统是发动机的重要系统之一，它工作的好坏，会直接影响发动机起动性能、功率、经济性以及可靠性。在实际工作中，点火系统发生的故障比较多，活塞式发动机约 1/2 的故障与点火系统有关。因此，熟悉点火系统的组成/功用和工作原理，对维护好点火系统十分重要。点火系统的组成如图 10.23 所示。

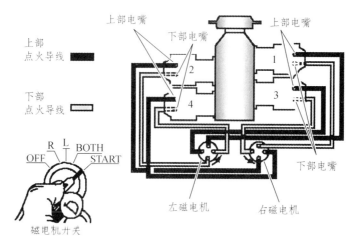

图 10.23　点火系统示意图

点火系统包括：磁电机、电嘴、高压导线以及磁电机/起动开关等部件，如图 10.24 所示。点火系统的作用是在曲轴转动时按规定的点火次序依次向各气缸提供电火花，点燃燃烧室内的燃油空气混合气使其膨胀做功确保发动机正常起动、运转。

图 10.24　点火系统部件

点火系统工作流程：起动发动机时，磁电机/起动开关钥匙接通到起动位，起动机工作，带动曲轴转动，发动机左右磁电机借助冲击联轴器产生高压电，此时的提前点火角比正常的提前点火角小。发动机爆发后，松开起动钥匙，发动机起动完成。

发动机正常工作期间，发动机的左右两个磁电机开关都在开位。磁电机产生的高压电通过高压导线传输到点火电嘴，在电嘴的中央极与旁极间形成了很高的电位差从而使电嘴间隙之间的气体发生强烈的电离，产生电火花。左、右磁电机分别都能为所有气缸上的电嘴提供高压电，它们互为备份。为确保磁电机的工作性能，在地面发动机试车时需对磁电机工作性能进行检查，即检查单磁工作时磁电机掉转是否在规定的范围内。如果单磁掉转超过规定的范围，则应对相应的磁电机进行检查。发动机停车后，所有磁电机开关必须放在"OFF"位，以防扳转螺旋桨时磁电机误点火，使发动机重新爆发造成危险。

1. 磁电机

1）磁电机的原理

磁电机运用电磁感应原理产生高压电。它是一种特殊形式的由发动机驱动的交流（AC）发电机，以永久磁铁作为能源。发动机带动永久磁铁转动，在线圈绕阻中感应出电流。由于电流流过线圈绕阻，在线圈绕组周围就会产生自己的磁场。在正确的时间，用断开低压电路的方法让这个电流中断，使穿过线圈次级绕阻的磁场迅速消失，从而使穿过线围的磁通发生剧烈的变化，在高压电路中产生足够高的感应电动势，这就是用来使电嘴间隙跳火的电压。磁电机的工作是对应发动机定时的，所以电嘴跳火仅在活塞处于正确的行程，并且活塞位于上死点前的某个特定的曲轴转动角度才发生。

2）磁电机的结构

磁电机由磁铁转子、壳体、线圈、断电器组件（触点组件）、分电盘组件以及电容等部件构成。

磁铁转子是由永久磁铁和转子轴组成的。转子轴由前后两个轴承分别支撑在磁电机的壳体和分电盘上。转子轴的后面装有传动齿轮，用来带动分电齿轮，断电凸轮用螺钉固定在轴端。

壳体由铝合金材料制造而成，壳体内安装磁铁转子，铁心架，线圈和分电盘等零件。壳体上有通气孔和定时观察孔。

线圈安装在铁心架上，中间为软铁心，外面绕有初次级线圈。初级线圈电阻很小，约为 $1\,\Omega$。次级线圈一端焊在初级线圈末端，另一端焊在线圈外的高压接触片上。

断电器组件（触点组件）一端与初级线圈相连，一端接地，由转子上的凸轮来控制其开闭。

分电盘组件用来将磁电机产生的高压电由分电器按发动机的点火次序分配到各气缸。分电盘组件包括两部分，转动的部分叫作分电齿轮，静止部分叫作分电盘。分电齿轮中有分电臂，次级线圈产生的高压电经碳刷与分电臂相通。分电盘由绝缘材料制成，其上装有分电桩，分电桩的数目与发动机气缸数相同。磁电机工作时，当断电器触点断开的瞬间，次级线圈中产生高压电，此时，分电臂正好对准分电站。于是，高压电就通过分电臂、分电站和高压导线输送到电嘴。

电容并联在初级电路中，当初级线圈断电时，由于磁通迅速变化，初级线圈也会产生相当高的自感应电动势，大小为 300～500 V，方向与初级线圈原来的感应电动势方向相同。由于断电器触点的电容很小，每升高 1 V 电压所需的电量很少。所以，在自感应电动势的作用下，触点间的电压升高得很快，产生强烈的电火花。这样，一方面会烧坏触点；另一方面，由于触点间的空气已电离，低压电流在接触点断开的最初一段时间内，将仍按原来的方向从触点的间隙中流过，不能立即中断，使磁通变化速度减小，次级线圈的感应电动势降低。为了解决这一矛盾，在磁电机的低压电路中并联了一个电容器，断电时，由自感应电动势产生的电流分为两路：一路流向断电器的触点，一路流向电容器，使电容器充电。由于电容吸收了大部分的自感电流，因此接触点不会产生强烈的电火花。另外，电容放电时的方向与充电时的方向相反，加速了软铁心中电磁场的消失，从而也提高了次级线圈中的感应电动势。

3）磁电机的回路

磁电机系统分为三个不同的回路：磁路、初级电路和次级电路。

磁路包括一个多磁极的永久磁铁转子，一个软铁心和极靴。它是用来产生变化的基本磁场，形成线圈中变化的基本磁通。

初级电路包括初级线圈、断电器和电容器，如图 10.25（a）所示。它用来产生低压感应电流（即低压电流），并在适当时机将低压电路断开，使低压电流的电磁场迅速消失。初级线圈中产生感应电动势从而产生低压感应电流，磁铁转子旋转时，由于基本磁通不断地变化，绕在软铁心上的一级线圈就会产生感应电动势。感应电动势的大小与基本磁通随时间的变化率（即基本磁通的变化速度）和初级线圈匝数的乘积成正比。在转子转速和初级线圈匝数为定值的条件下，感应电动势的大小，只取决于基本磁通随磁铁转子转角的变化率。当转子的转角为 47º～48º 和 137º～138º 时，即基本磁通为零时，基本磁通曲线最陡，说明基本磁通的变化率最大，因而这时的感应电动势也最大。基本磁通的变化，使初级线圈产生感应电动势，这时把低压电路接通，就会有低压电流通过。由于电流是随电动势的增减而增减的，所以当磁铁转子的转角改变时，低压电流也将随着一级线圈感应电动势的变化而作大致相似的变化，如图 10.25（b）所示。

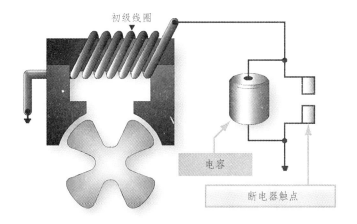

初级线圈

电容

断电器触点

（a）初级电路组成

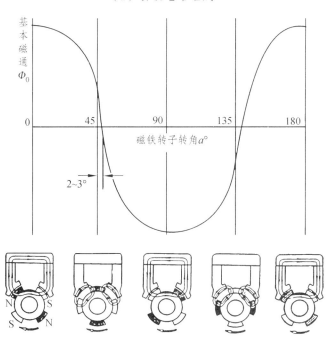

基本磁通 Φ_0

0   45   90   135   180

磁铁转子转角$a°$

2~3°

N S
S N

（b）初级电路基本磁通与转子转角的关系

图 10.25　初级电路

次级电路包括次级线圈和分电器，用来在低压电路断开时，产生高压感应电流（即高压电），如图 10.26 所示。由于软铁心中磁通的变化率很小，二级线圈的感应电动势不高，为 2 400 ~ 2 800 V，不足以使电嘴产生电火花。为了提高二级线圈的感应电动势，可以增加线圈匝数，但这样会增加磁电机的重量。比较有效的办法是增大磁通变化率，即用适时地断开低压电路（简称断电）的办法，使低压电流及电磁场在瞬间消失，以加大磁通的变化率，从而在二级线圈上感应出高压电来。断电由断电器和凸轮来完成。凸轮固定在转子上，随转子转动；断电器有两个触点，一个接地，另一个与初级线圈相连，两个触点借弹簧力密切接触。凸轮顶起弹簧片使触点断开时，低压电流立即中断，电磁场立即消失，软铁心中的磁通变化率变得非常大，使次级线圈产生出很高的感应电动势。

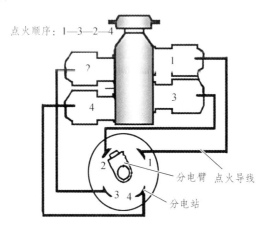

图 10.26　次级电路示意图

4）冲击联轴器

发动机起动时，一方面由于转速很小，磁电机二级线圈中的高压电动势不够高；另一方面，由于混合气和电嘴的温度都较低，对点火能量要求高，电嘴需要较高的击穿电压。因此，发动机起动时，磁电机需要特殊的装置来帮助产生高电压。通常采用的装置有三种，即起动线圈、超动振荡器和冲击联轴器。Slick 4371 磁电机使用冲击联轴器。冲击联轴器是一个辅助发动机起动的机械装置。在起动转速时（此时曲轴转速较低），磁电机的冲击联轴器延迟磁电机的点火定时，直到发动机曲轴处于正确的起动位置。磁电机铭牌上的延时角是测量的冲击联轴器的延时角度。发动机起动后，冲击联轴器释放并将磁电机返回到正常的发动机定时。

冲击联轴器主要由主动盘、弹簧、从动盘、飞重块组成，如图 10.27 所示。主动盘前端有传动爪，由附件传动齿轮带动。盘的圆臂上有两个凸起部分，此外还有弹簧卡槽。从动盘呈圆形，有对称的两个凸耳，盘上有两个飞重销，飞重装在销上，灵活自如。整个从动盘用键固定在磁电机轴上，装在主动盘内，用一根旋紧的发条形弹簧连接。此外，磁电机前端有圆柱钉，以配合冲击联轴器工作。当曲轴转动时，主动盘也转动，飞重在重力作用下使飞重块凸出从动盘外壳，被磁电机前端的圆柱挡钉挡住，此时从动盘和磁电机轴保持静止不动。当主动盘继续转动，使发条形弹簧旋紧，直到活塞大约到达上死点位置，这时，主动盘凸起部分碰到重块脚时，重块脚被顶动离开挡钉。被卷紧的弹簧迅速松脱，使从动盘和磁电机轴迅速转动。这样就相当于一个高速旋转的磁电机，从而产生强烈的电火花。

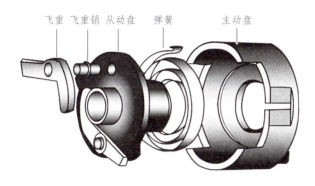

图 10.27　冲击联轴器结构示意图

发动机起动后，冲击联轴器的飞重块在离心力的作用下外移，并把两个连接部件（主动盘和从动盘）锁在一起，而变成一个刚性装置。由于从动盘上装有两个飞重块，所以起动时磁电机每旋转一周，冲击联轴器将有两次起作用的机会。起动时飞重块被挡住，使从动盘落后于主动盘，再放开飞重块使从动盘加速旋转时，由于这时主动盘也向前旋转，这就使点火时刻较之正常情况落后了（延迟角为 15°）。也就是说，当有了加速时会使发动机的提前点火角自动推迟，符合起动时的需要。

5）磁电机定时

磁电机定时的目的是保证发动机在工作中，当曲轴转到最有利的提前点火角时，电嘴恰好获得最高的电压而产生强烈的电火花，使发动机发出最大功率。因此，磁电机定时的好坏，直接影响到发动机的性能。磁电机定时分为内定时和外定时。

（1）内定时，是调整磁电机内部各机件间的配合关系，保证磁电机能够产生最高的电压。磁电机内部各机件如磁铁转子、断电器和分电盘组件在工作中必须遵循一定的规律，即磁铁转子转到中立位置后一定角度，断电器开始断电，而分电盘组件中的分电臂此时正好对准一号缸分电桩。所以内定时包括三方面：

① 分电臂定时，就是使分电臂在断电器初断的时候恰好对准一号缸的分电桩，此时分电臂与分电桩的间隙最小。分电臂定时是在磁电机装配时进行的。为了确保分电臂定时正确，在磁铁转子、分电盘和分电齿轮上有定时标记，装配时只需按规定对正定时标记即可。

② 定开始断电的时机，即保证磁铁转子在中立位置后一定角度时，初级线路断开。初断时机的早晚，可以通过松开断电器底座固定螺钉，移动底座来调整。

③ 定断电时间的长短，断电时间长短以断电器触点断开的时间内磁铁转子转过的角度来表示（从初断到重新闭合止），这个角度称为断开角。断开角越大，则断电的时间越长。断电时间的长短，直接影响触点重新闭合时，初级线圈内低压电流的增长情况，从而影响下次断电时的低压电流的数值。为了保证断电时间合适，断电器触点的间隙必须在 SLICK 磁电机维护手册规定的范围内。

（2）外定时。内定时保证了电嘴能获得最高的电压而产生强烈的电火花，外定时则是调整发动机与磁电机的配合关系，使电嘴获得最高电压的时机与发动机提前点火的最有利时机相吻合，外定时必须在内定时正确的基础上进行。

IO-360-L2A 发动机安装有两台 Slick 4371 磁电机，分别安装在附件机匣的左右两侧，在正常转速下，一台 Slick 4371 磁电机产生的电压超过 25 000 V。两台磁电机相互独立地工作，一是提高每个气缸的点火能量，提高火焰传播速度，改善发动机的功率和经济性；二是保证发动机工作可靠，它们互为备份，一旦某台磁电机发生故障不能产生高压电，另一台磁电机仍能产生高压电，使发动机继续工作。发动机一经起动，磁电机即为稳定定时点火装置。磁电机通常被定时在发动机获得最大功率的提前点火角位置点火，即磁电机在提前点火角的位置进行点火。虽然磁电机的外形和结构简单，但它是一个复杂的机电设备。磁体转子组件的尺寸和外形，磁体材料的选取，磁极铁心片的设计，点火线圈的设计和电容的设计等对于决定磁电机的功效都是同等的重要。磁电机的转速与发动机曲轴的转速相同，曲轴每转动 2 圈，磁电机点火 4 次。

为了提升点火的可靠性，莱康明 2019 年推出了一种电子点火装置（Electronic Ignition System，EIS），以替代传统的磁电机，如图 10.28 所示。该点火系统具有更高的可靠性，由于其内部无转动部件，其日常维护也更简单。关于 EIS 的安装、使用信息，见最新的莱康明 SI 1569。

图 10.28　电子点火装置

2. 电　嘴

电嘴主要由外壳、钢芯、绝缘体以及电极组成，如图 10.29 所示。它的作用是利用磁电机产生的高压电击穿空气，适时产生电火花，点燃气缸内的油气混合气。电嘴钢心杆上部与高压导线相连，下部焊有中央极；外壳下部焊有 2 个旁极，旁极与中央极间的间隙叫作电嘴间隙。当高压电输送到电嘴时，在中央极与旁极间形成了很高的电位差并使电嘴间隙之间的气体发生强烈的电离，产生电火花。

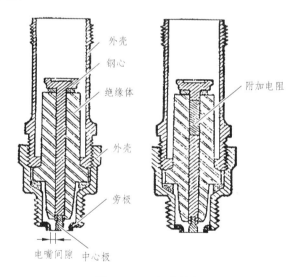

图 10.29　电嘴结构

3. 高压导线

高压导线由四层组成，由外向里分别为硅树脂橡胶层、金属丝编织层、硅树脂绝缘层和不锈钢丝芯线，如图 10.30 所示。高压导线具有很好的耐磨性和韧性，其中的金属丝编织层还起到电磁屏蔽的作用，防止点火系统对飞机无线电的干扰。高压导线连接磁电机和点火电嘴，其作用是将磁电机产生的高压电传输到点火电嘴。高压导线应保持其金属丝编织层完整，金属丝编织层破损将导致电磁屏蔽失效，干扰飞机的通信。为保证点火性能，高压导线的长度是经过设定的，高压导线不得剪短。

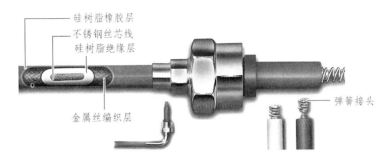

图 10.30　高压导线结构示意图

4. 磁电机/起动开关

磁电机/起动开关是用来控制磁电机和起动机工作的。它有五个挡位，分别为"OFF"位、"L"位、"R"位、"BOTH"位和"START"位。"OFF"位表示磁电机和起动机开关均断开，它们都不工作；"L"位表示仅左磁电机工作；"R"位表示仅右磁电机工作；"BOTH"位表示双磁均工作；"START"位表示双磁和起动机都工作，保持在该位置时起动机持续工作，松开后自动跳到"BOTH"位。

10.2.2　点火系统常见故障介绍

1. 磁电机故障

（1）断电器间隙不正常和断电器接触点不良。断电器间隙过大过小时，会使二次线圈电压降低，火花减弱，引起发动机掉转过多，发动机功率下降。但间隙增大时比间隙减小时掉转相对要少一些。因为间隙增大，提前点火角增大，可以弥补一些火花减弱的影响。断电间隙变化的原因，主要是不断跳火花时的电侵蚀，胶木摇臂磨损等。断电器接触不良，会使接触电阻增大，断电时的低压电流减小，二次线圈电压减小。造成接触不良的主要原因是接触点间进入油污和发生金属转移。

（2）线包绝缘性变差。线包绝缘性变差时，会使线包和壳体之间以及线包与附件的金属接触点和部件间发生放电现象，使磁能损失增大，二次线圈电压降低。检查单磁时会发现掉转过多，可看到线包放电部分烧黑。线包绝缘性变差的主要原因是线包受潮和温度过高。

（3）磁电机内部高压电导出部分接触不良，产生强烈的电火花，使分配到电嘴的电压降低，且会把跳火部分烧坏。

（4）分电盘裂纹。产生裂纹后，在裂纹处会发生漏电现象，也使二次线圈电压降低，影响电嘴跳火。

（5）分电桩磨损、烧伤。会使分电臂与电桩之间间隙大小改变，影响输往电嘴的电压。

（6）磁电机定时不准。由于定时不准，使提前点火角过大或过小，都会使发动机的功率和经济性下降。

（7）断电器的弹簧片折断和低压导线在接线处掉下。出现上述现象，都使低压电路断路，磁电机不产生高压电。

（8）磁电机上的起动加速器的飞重块由于过脏或磁化，不能活动自如，飞重块不能在重力作用下凸出于主动盘外壳，因而不能被挡钉挡住，发条形弹簧不能上紧，因而起动不起来。

2. 电嘴的故障

（1）电嘴挂油积碳，主要是长期过富油或涨圈磨损，大量滑油进入燃烧室造成的。在使用中当小转速时间过久时也易造成电嘴挂油积碳。

（2）电嘴积铅。使用含铅量高的汽油和在贫油巡航状态工作久易积铅。

（3）电嘴受到撞击及电嘴间隙变化或陶瓷绝缘体损坏，使电嘴内部漏电。

（4）受电侵蚀和燃气的腐蚀使电嘴间隙变大。

3. 高压导线的故障

（1）高压导线绝缘体被击穿。如电嘴弯管外因拆卸时活动较多，加之受气缸和电嘴传热的影响，高压导线绝缘体易被击穿。在击穿处一般可看到小黑点。汽油、滑油落到高压导线上易腐蚀高压线的绝缘体，使其绝缘性能变差。

（2）高压线接触不良。如高压线与分电桩之间，高压线与电嘴之间等。

（3）由于潮湿形成的漏电。潮湿空气和水分进入高压线的隔波套以及电嘴壳体时，引起绝缘体表面的导电能力提高，因而在高压导线暴露部分与隔波装置之间发生漏电，使能量损失增大，二次线圈电压降低，电嘴火花减弱，甚至不跳火。

4. 点火系统故障现象及排故方法介绍

点火系统常见故障现象有发动机起动失败或起动困难、发动机不能慢车工作或慢车工作不正常，可能的故障原因及排故方法见表10.2。

表 10.2　发动机常见故障原因及排故方法

故障	可能的原因	排故方法
发动机起动失败或起动困难	点火开关故障	检查点火开关的通断，视情更换有缺陷的开关
	点火电嘴故障，如间隙不正确，或是被水蒸气或过多的沉积物污染	清洁电嘴，重新调节电极间隙并进行测试，视情更换有缺陷的电嘴
	点火电缆故障	进行目视检查，若没发生缺陷，用导线测试仪进行检查，视情更换有缺陷的电缆
	磁电机"P"极接地	进行导电性测试。"P"极在磁电机开关位于"ON"位时不应该接地；"P"极在磁电机开关位于"OFF"位时应该接地，视情修理或更换有缺陷的"P"极
	冲击联轴器故障	冲击联轴器棘爪在发动机起动速度下应该耦合。冲击联轴器工作时应该听到较大的"CLICK"声响。弹簧疲软，飞重过脏或磁化，不能被止动销挡住。视情更换冲击联轴器
	磁电机故障	检查磁电机内部结构，如分电臂松动；分电桩磨损、烧蚀；分电盘裂纹；触点的烧蚀；次级线圈触点磨损等
发动机起动失败或起动困难	驱动齿轮损坏	拆下磁电机，检查磁电机和发动机的传动齿轮，视情换件。确保发动机内部没有损伤零件的残损部分，否则需要对发动机进行分解
	磁电机外定时不正确	检查磁电机外定时，视情重新定时
	磁电机内定时不合适，或 E 间隙漂移	检查内定时，检查触点磨损情况，视情重新定时或更换触点
发动机不能慢车工作或慢车工作不正常	点火电嘴故障，如间隙不正确，或是被水蒸气或过多的沉积物污染	清洁电嘴，重新调节电极间隙并进行测试，视情更换有缺陷的电嘴
	点火电缆故障	进行目视检查，若没发生缺陷，用导线测试仪进行检查，视情更换有缺陷的电缆
	磁电机故障	检查磁电机掉转，检查磁电机内部结构，如分电臂松动；分电桩磨损、烧蚀；分电盘裂纹；触点的烧蚀；次级线圈触点磨损等
	冲击联轴器不工作	冲击联轴器工作时应该听到较大的"CLICK"声响。拆下磁电机检查可能的原因，视情更换有缺陷的磁电机
	点火电嘴松动	进行检查并正确安装

10.2.3　点火系统使用维护注意事项

在飞机发动机日常使用和维护过程中，要注意以下事项，确保点火系统正常高效安全运行：

（1）保持磁电机内部清洁、干燥，严防水分、油污进入。

（2）保持磁电机断电器触点清洁、接触良好，触点间隙符合规定。

（3）磁电机的散热通风要良好。发动机有超过半数的故障与点火系统有关，建议定期送检磁电机，经实践证明这样可以有效降低故障发生率。

（4）电嘴应放在干燥的地方保存，以免受潮，同时应注意防止弄脏和碰坏，掉在地上的电嘴不能再用，因瓷绝缘体很可能已被损坏。

（5）检查电嘴的铜垫片，不应有压坑、变形，否则会影响密封和传热。

（6）安装电嘴前，为了避免电嘴螺纹和气缸头上的螺纹烧结在一起，应预先在电嘴螺纹上涂上一层石墨油膏。往气缸上拧电嘴时，拧紧力矩应符合规定。

（7）清洗电嘴时，要用振荡器及不含铅的清洗汽油。

（8）检查电嘴间隙时，尽量应使用圆塞规，平塞规给出的间隙值不准确。

（9）在使用中要防止电嘴挂油积碳。为此，滑油压力不能过高，发动机在慢车时间不宜过久，当滑油消耗量过大或气缸压缩性不好时，要检查涨圈情况。

（10）各缸高压导线长短不同，各缸的工作情况也不一样，因此各缸电嘴电蚀现象往往不同。为了调整和改善电嘴的电蚀现象，建议发动机每工作 50 h 上下排互换电嘴。

（11）减少高温对高压导线的影响，如高压导线不能靠近排气管，停车后不要马上盖蒙布等。

（12）经常检查高压导线，及时更换锈蚀和破损的导线。

（13）磁电机掉转检查：将发动机转速调整到 2 000 r/min，稳定工作后，关闭左磁电机开关或右磁电机开关，发动机转速将下降但工作平稳，观察发动机转速掉转数并记录，然后把关闭的磁电机开关打开。单磁工作时，由于每个气缸只有一个电嘴工作，燃烧速度减慢，发动机的功率有所下降，表现为转速的下降。单磁掉转不超过 150 r/min，两个磁电机掉转差不超过 50 r/min，若超过限制，说明点火系统有故障。

10.3　滑油系统

10.3.1　滑　油

莱康明公司发布的 SI 1014 推荐在 IO-360-L2A 发动机上使用两种滑油，第一种为 MIL-L-6082 或 SAE J1966 航空级纯矿物滑油,该类滑油在飞机出厂交付使用时使用,并在发动机使用的最初 25 h 内补充使用这类滑油。前 25 h 以后,应放出此类滑油并更换滑油滤。再给发动机加满此类润滑油并继续使用,直到累计使用时间达到 50 h 或滑油消耗稳定。第二类为 MIL-L-22851 或 SAE J1899 航空级无灰分散剂滑油,在前 50 h 后或当滑油消耗已经稳定后使用。

在前 25 h 更换滑油与滑油滤时,需要对整个发动机做一次全面检查。检查软管、金属管以及接头是否有滑油与燃油渗漏的迹象,检查有无磨损、磨破、老化现象,管路路径是否正确和支架的牢固性。检查进气道与排气系统有无裂纹、漏油迹象以及附件有无松动,检查发动机控制及连接杆是否能全程灵活运动,附件有无松动与磨损迹象。检查电线是否紧固,有无损、烧灼迹象,绝缘层是否失效,接线端有无松动或断裂、热老化,以及接线端受腐蚀等现象。

IO-360-L2A 发动机须按表 10.3 推荐的滑油牌号使用润滑油。

表 10.3　不同温度下推荐的滑油牌号

环境地面温度	SAE J1966/MIL-L-6082	SAE J1899/MIL-L22851
所有温度	—	SAE15W50 或 SAE20W50
超过 80°F(26.7°C)	SAE60	SAE60
超过 60°F(15.6°C)	SAE50	SAE40 或 SAE50
30 ~ 90°F(−1.1 ~ 32.2°C)	SAE40	SAE40
0 ~ 70°F(−17.8 ~ 21.1°C)	SAE30	SAE30,SAE40 或 SAE20W-40
0 ~ 90°F(−17.8 ~ 32.2°C)	SAE20W-50	SAE20W-50 或 SAE15W-50
10°F(−12.2°C)以下	SAE20	SAE30 或 SAE20W-30

IO-360-L2A 发动机滑油系统总滑油容量为 9 quart,其中滑油滤内 1 quart,发动机收油池容量为 8 quart。滑油池内少于 5 quart 滑油时,不能运行发动机。长时间飞行,发动机滑油量应为 8 quart。

虽然 SI 1014 推荐了两种润滑油标准,但在民用航空市场均使用 SAE 润滑油标准。SAE 润滑油标准由美国汽车工程师协会(Society of Automotive Engineers,SAE)制定的用以表示润滑油性能的标准,除汽车制造业外,还广泛用于飞机、航空系统以及其他制造工业用的内燃机。1911 年,美国汽车工程师协会发布了其标准(SAE J300)的第一版,用于标定润滑油黏度,最初其规定了 5 种不同的润滑油编号等级 10、20、30、40 和 50。1926 年,润滑油编号等级增加为 6 种。1952 年,又增加了一组冬季等级 10W、15W、20W、25W 和 30W(W 是 Winter 的首字母)。对于多级油,如 SAE15W-50,其前面的数字越小说明机油的低温流动性越好,代表可供使用的环境温度越低,在冷起动时对发动机的保护能力越好。W 后面（一横后面）的数字则是机油高温条件下的黏度表现，数字越大，高温时黏度越大。

10.3.2　滑油系统功用及原理

滑油系统的主要任务是把数量足够和黏度适当的滑油循环不断地输送至各摩擦面上，使机件得到良好的润滑和冷却，以减小摩擦功率、减轻磨损和避免过热，从而提高发动机的有效功率，增长发动机的寿命以及保证发动机工作正常；还能冲洗运动表面的污物和金属磨粒以保持工作表面清洁；在金属表面形成的油膜使空气不能与金属表面接触，能防止金属腐蚀；黏附在涨圈与气缸上的滑油，还能提高涨圈与气缸壁之间的气密性，形成的油膜还可起到缓冲作用，避免两表面直接接触，减轻振动与噪声。总而言之，滑油主要有润滑、冷却、清洁、密封、防腐以及降噪的作用。在民用航空发动机上，滑油系统的设计主要有正向滑油系统和反向滑油系统两种类型。将滑油散热器安装在回油路上的滑油系统称为正向滑油系统，这类滑油系统油箱中的滑油温度较低，称为冷油箱。将热交换器安装在供油路上的滑油系统称为反向滑油系统，这类滑油系统油箱中的滑油温度较高，称为热油箱。IO-360-L2A 发动机滑油系统为正向滑油系统。

IO-360-L2A 发动机滑油系统由收油池、滑油泵、滑油滤、恒温旁通活门、安全活门、调压活门、散热器以及机匣和附件机匣上的滑油通道组成，是湿式滑油系统。滑油系统工作原理如图 10.31 所示。

滑油储存在发动机机匣下部的收油池内。当发动机运转时，曲轴旋转通过曲轴齿轮带动齿轮式滑油泵工作，将经收油池滤网过滤后的滑油从收油池内抽出，经滑油泵增压后输送到主滑油滤进行过滤，再到达机匣上的主油道并润滑附件机匣上的附件驱动轴。在滑油泵出口和主滑油滤进口之间还安装有散热器和恒温旁通活门，当滑油温度较低时，恒温旁通活门打开，部分滑油经散热器到主滑油滤（大部分滑油直接到主滑油滤）；当滑油温度过高时，恒温旁通活门伸长至关闭位，迫使所有或部分滑油流经散热器进行散热后再进入到主滑油滤中进行过滤。从滑油滤出口出来的滑油再到达机匣上主油道之前，需流经滑油释压活门，当滑油压力过高时，释压活门将打开，高压滑油将从此处泄掉一部分返回到收油池中，从而保证进入到主油路的滑油压力正常。主油路中的滑油分别对主轴承、连杆轴承、凸轮轴、挺杆体、柱塞、推杆以及摇臂衬套等部件进行润滑。进入主轴承的滑油沿着曲轴内的油管进入连杆轴承，从连杆轴颈两端流出的滑油，靠曲柄的旋转运动甩至气缸内壁、活塞、凸轮轴等摩擦表面进行润滑，润滑后的滑油靠重力回到收油池进行下一个循环；

进入挺杆体内的滑油经柱塞、柱塞座、推杆后到达气门摇臂，到达摇臂后滑油分两路：一路润滑摇臂轴，一路经摇臂前端的油孔喷射润滑气门组件，润滑后的滑油靠重力经回油管流回收油池进行下一个循环。

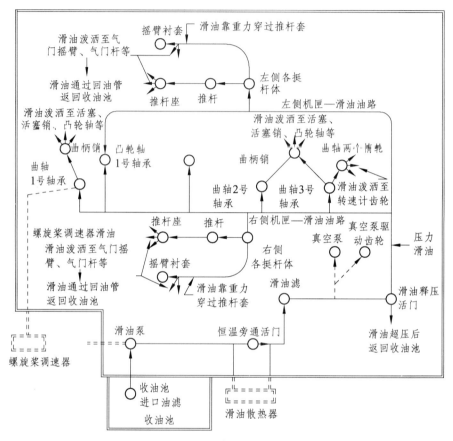

图 10.31　滑油系统工作原理

10.3.3　滑油系统部件

1. 收油池

收油池主要用来储存滑油和安装附件。收油池安装在发动机机匣下部，中间有密封垫防止滑油渗漏。收油池内有相对隔离的 4 条进气管道，这样设计的目的是形成一个热交换器，热滑油加热冷空气有利于油气混合气的燃烧，冷空气冷却滑油防止滑油因高温性能变差。收油池下面有进气口以及安装燃油喷射器的平台，左右两半各有 2 个进气管接头用于连接各个气缸的进气管，底部还有滑油滤网安装孔以及放油活门的安装孔。

2. 滑油泵

滑油泵是用来保证滑油系统循环工作的重要动力部件。IO-360-L2A 发动机滑油系统采用的是重力回油，没有回油泵。滑油泵为齿轮泵，安装在附件机匣内部，由曲轴驱动。齿轮泵是依靠泵体与啮合齿轮间所形成的工作容积变化和移动来输送液体或使之增压的回转泵。它由两个齿轮、泵体与端盖组成两个封闭空间，即吸油室和增压室。当齿轮转动时，齿轮脱开侧的空间的体积从小变大，形成真空，将液体吸入，齿轮啮合侧的空间的体积从大变小，而将液体挤入管路中去。吸油室与增压室是靠两个齿轮的啮合线来隔开的。齿轮泵的排出口的压力完全取决于泵出口处阻力的大小。

IO-360-L2A 发动机滑油泵采用的是从齿轮端面进油的结构，即从齿轮两侧的轮齿根部进油，因为径向进油时，离心力的方向与进油的方向相反，离心力是阻碍充填的，故转速不能太高。从端面进油后，滑油先到达轮齿根部，再由离心力把它往外抛帮助充填提高泵的容积效率。其工作原理和结构如图 10.32 所示。

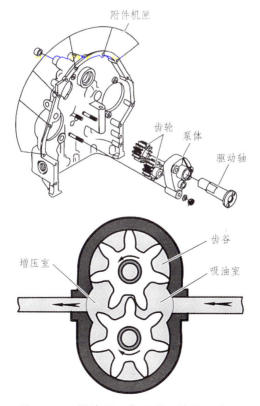

图 10.32　滑油泵工作原理及结构示意图

3. 滑油滤

发动机滑油滤主要是用来避免外来物以及发动机内部的积碳、金属颗粒或碎屑等杂质进入到滑油系统造成滑油通道堵塞以及运动部件的损伤，导致发动机失效。IO-360-L2A 发动机滑油滤有两级，即安装在收油池底部的初油滤滤网以及安装在附件机匣滑油滤安装座上的主滑油滤。

初油滤滤网为圆形铜网，网孔较大，主要是用来过滤外来的或内部的大块杂质，流动阻力较小。主滑油滤滤芯为纸质，流动阻力较大，用来过滤细小杂质，如积碳、金属碎屑及灰尘等。纸质滤芯由长纤维纸浆制成，且经树脂定型处理、不怕水、强度高、滤清效率高，滤芯为百褶形，以增大过滤面积，如图 10.33 所示。滤芯要定期更换，防止堵塞。一般在每 25 h 更换滑油时需检查清洁初油滤滤网，更换主滑油滤。更换下来的主滑油滤需用专用工具切割开，并可从油滤上收集的沉积物判断发动机的内部状况。

六方头　保险孔

油滤切割工具

滤网

滤芯

密封圈

收油池滤网

图 10.33　滑油滤结构示意图

4. 活　门

滑油系统中的活门组件主要包括恒温旁通活门、安全活门以及调压活门等，如图 10.34 所示。

恒温旁通活门位于附件机匣上主滑油滤安装座侧面，主要部件由热膨胀率大的金属制成。当滑油温度较低时，恒温旁通活门打开，部分滑油经散热器到主油滤，另一部分直接进入主油滤道。当滑油温度过高时，恒温旁通活门伸长，逐渐关闭滑油直接进入主滑油滤的通道，迫使部分或全部滑油流经散热器进行冷却后再进入主滑油滤，从而达到滑油温度基本不变的目的。

安全活门安装在主滑油滤安装座上的滑油安全通道上，滑油安全通道与主滑油滤进口通道相通。安全活门是单向活门，主要由胶木垫片、弹簧、弹簧支撑片以及螺钉组成。滑油系统正常工作时，由于弹簧的弹力将大于滑油压力，安全活门将保持常闭状态；当滑油系统中杂质较多时，主滑油滤滤芯杂质堆积过多阻力变大，导致滑油压力变大直到大于弹簧弹力时，安全活门打开，滑油直接进入到主滑油通道对机件进行润滑，保证了滑油系统中足够的滑油量。

调压活门安装在发动机右机匣主滑油通道上，由钢球、弹簧和壳体组成，钢球的一边承受滑油压力，另一边承受弹簧压力。当滑油压力正常时钢球在弹簧力的作用下处于关闭状态；当滑油供油量超过发动机所需的油量，滑油压力增大时，滑油就逐渐克服弹簧力顶开活门，多余的滑油流回收油池，从而达到调压的目的。壳体头部有可旋转的螺钉，通过旋转该螺钉可调节弹簧的压力从而调节滑油压力。发动机滑油压力必须足够高，以保证各部件在高转速和高功率下得到充分润滑；另一方面滑油压力又不能太高，因为滑油压力过大会导致润滑系统的漏油和损坏。

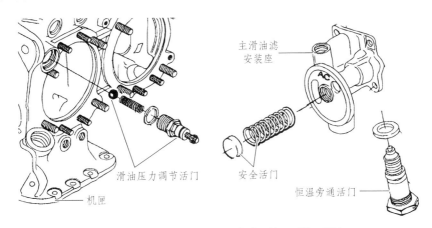

图 10.34　恒温旁通活门、安全活门及调压活门

5. 散热器

滑油在发动机内循环流动时，由于吸收发动机零部件的热量，其温度升高。为了使滑油温度保持在正常的范围以内，保证机件得到良好的润滑和冷却，必须使用散热器对滑油进行冷却。

散热器为空气冷却式，由管子、散热片、框架、进油管、出油管组成，如图 10.35 所示。当油泵将收油池内的滑油抽出来以后，进入散热器的进油管。滑油从管子中间流过，散热空气从管子外的散热片流过，带走滑油的热量。散热后的滑油经出油口进入主滑油滤。

此外，过低的滑油温度对发动机也是不利的。在寒冷的早晨起动发动机前，建议用手将螺旋桨转动几圈，使滑油"解冻"或"软化"，这样可以节省蓄电池电量。当大气温度低于 20°F（-6℃）时，任何情况的起动都建议使用外部预热器和外部电源，以减少对发动机和电气系统的磨损。在极其寒冷温度下，预热将使在起动会前凝固在滑油散热器内的滑油解冻。

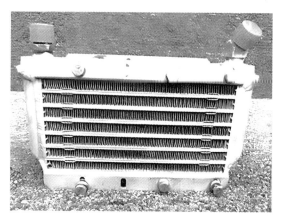

图 10.35　滑油散热器

10.3.4　滑油系统传感器

1. 滑油压力传感器

滑油压力传感器位于发动机机匣右上方的导流板上，使用管路与滑油管路相连。传感器产生电信号，电信号又被转换成仪表板上滑油压力表的压力读数。此外，发动机还有一个独立的滑油压力低传感器，安装在发动机附件机匣上（以前安装在调压活门上），通过线路连接到仪表板上独立的滑油压力低指示。当滑油压力低于 20 psi 时，开关接地，接通信号灯电路，此时红色的滑油压力（OIL PRESS）警告灯亮。当压力超过 20 psi 时，接地断开，滑油压力（OIL PRESS）警告灯熄灭。

滑油压力低传感器也为计时器（Hobbs）提供信号。当压力超过 20 psi 时，计时器接地，计时器开始计时。

2. 滑油温度传感器

位于附件机匣内的电阻式探头产生滑油温度信号。随着滑油温度的变化，探头的电阻也随之而改变。该电阻在驾驶舱指示仪表上被转换成了滑油温度的读数。

10.3.5 滑油系统常见故障

通常，滑油系统常见的故障现象为滑油温度高和滑油压力低，其原因可能是滑油系统参数指示或组成滑油系统的各个部分出现故障，故障分析及推荐措施见表 10.4 和表 10.5。

表 10.4 滑油压力低

序号	直接原因	根本原因	措施
1	滑油不足	滑油添加不足，或漏滑油	添加滑油
2	调压活门未调节到位	未调节调压活门或调节范围不够，垫片不够，或弹簧太软	调节或更换弹簧
3	调压活门有污物或金属碎屑	异物堵塞工作面	清洁活门及安装孔
4	调压活门安装座损坏	调压活门不能保持压力	修理或更换安装座
5	滑油温度高	润滑不足或滑油冷却不足	见滑油温度高各项措施
6	滑油泵进口堵塞或滑油泵磨损	收油池油滤和滑油泵进口通道内有堵塞，间隙变大，内漏量较大	检查清洁或更换滑油泵
7	泼溅滑油量过大	主滑油通道堵头松动或缺失，轴承间隙过大，曲轴滑油通道处裂纹	检查或更换相关部件或翻修发动机
8	滑油压力测量点位置改变	非手册规定的滑油压力测量点测量的滑油压力不准确	按手册要求测量滑油压力
9	传感器故障	测量不准确	检查更换传感器

表 10.5 滑油温度高

序号	直接原因	根本原因	措施
1	滑油供油量不足	滑油量添加不足	添加滑油
2	冷却空气不足	冷却空气进气不足，散热器冷却空气不足，导流板损坏，气缸散热片堵塞和损坏	检查修复/更换损坏的散热器，导流板或气缸散热片/气缸
3	燃调贫富油设定不准确	发动机长时间贫油燃烧工作	检测、重新设定燃调贫富油
4	温控活门工作异常或安装不到位	温控活门故障，滑油滤安装座密封面损伤或堵塞	修理或更换温控活门或滑油滤安装座
5	气缸漏气严重	气缸涨圈磨损或卡阻	更换涨圈或翻修发动机

序号	直接原因	根本原因	措施
6	温度传感器故障	测量不准确	检查更换传感器
7	润滑不足	轴承间隙过大，压力油膜不能保持，曲轴或连杆轴承润滑不好	翻修发动机
8	气缸头温度高	电嘴规格不满足要求，气缸导流板或散热片损伤，燃油导管直径不正确，发动机定时不正确，过贫油运转发动机，混合比杆行程不够	检查更换调节相关部件

10.4　起动系统

起动系统主要包括直接驱动式电起动机、起动齿轮盘以及起动电源，如图 10.36 所示。起动系统的功用就是在地面或空中使发动机稳定可靠地起动起来。IO-360-L2A 发动机使用一个直接驱动 24 V 直流起动机，安装在发动机前左下方，起动机带动安装在发动机曲轴法兰盘上的起动齿轮盘，直接带动发动机曲轴转动而起动发动机。起动机由位于座舱仪表板上的点火钥匙操作，电流接通后，起动机转动后，起动机小齿轮伸出与起动齿轮盘啮合，当发动机到达给定的转速后，在离心力的作用下，起动机小齿轮从起动齿轮盘脱开。

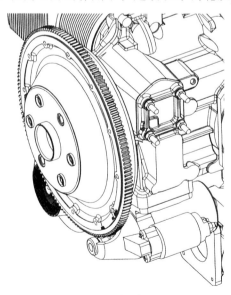

图 10.36　起动系统

发动机停车后，发动机舱内温度会迅速增高（无散热气流），燃油管路中的燃油会在短时间内挥发。因此，发动机再次起动前，需使用电动燃油增压泵给发动机注油，一是使空的燃油管路充满燃油；二是在起动时发动机转速小，发动机燃油泵无法正常供油，在燃油喷嘴储备足够燃油有利于发动机起动。

使用电动燃油增压泵进行起动注油不能超出飞行手册的相关要求。注油过多，多余的燃油虽然会因重力从发动机进气管路流到进气总管，再通过进气总管上的余油管排出。但由于进气总管上安装有燃油调节装置，多余的燃油会可能会遗留在燃油调节装置的文氏管，造成调节装置对进气流气压的检测出现误差。另外，进气道多余的燃油也可能造成管路失火燃烧。

10.5 发动机燃油系统

10.5.1 发动机燃油系统概述

发动机燃油系统的功用是向发动机供给适量的燃料，并促使其雾化和汽化，以便与空气均匀地混合，组成比例适当的混合气，满足发动机在各种工作情况下的需要。IO-360-L2A 发动机采用的燃油喷射式燃油系统，主要部件有燃油喷射器、膜盒式机械燃油泵、分配器、喷嘴、进气管及燃油管路（包括不锈钢导管和软管）等。

10.5.2 燃油喷射式燃油系统主要部件

1. 燃油喷射器

见第 5 章。

2. 燃油分配器

见第 5 章。

3. 燃油喷嘴

燃油喷嘴主要由主壳体、定流嘴、滤网和防尘罩组成（见图 10.37），作用是将燃油雾化后喷入气缸。经燃油泵加压的燃油通过定流嘴进入燃油喷嘴的内部空间，喷油嘴内部通过主壳体通气孔通大气。当发动机吸气时，进气道气压低于外部大气压，喷油嘴内部储存的燃油在大气压作用下喷入气缸。因此，日常运行中应保证滤网干净，避免滤网堵塞造成喷油不畅。

防尘罩

滤网

主壳体

定流嘴

主壳体通气孔

图 10.37　燃油喷嘴

10.5.3　燃油系统常见故障

1. 燃油喷射器富油或贫油

燃油喷射器富油或贫油可以通过发动机排气管冒黑烟、磁电机掉转不正常以及在调贫油的过程中，转速上升高于 50 r/min 或低于 25 r/min 等现象来判断。造成这种故障的原因有两种：第一，在喷射器使用过程中，随着活门的磨损、弹簧和薄膜的受力变形等，其流量特性可能会发生改变，导致其供给的燃油量不准确，或富油或贫油；第二，喷射器的调节器中部壳体密封处渗漏，这种内部渗漏会导致在相同的空气消耗量下，喷射器计量的燃油增加，渗漏的燃油从冲压管流出，通过文氏管进入气缸，这一点和气化器式发动机很相似，这些额外的燃油流量将会导致发动机工作时富油。

2. 分配器不供油

分配器不供油会导致没有燃油进入发动机气缸，发动机无法起动。如果确定是分配器故障导致的发动机无法起动，有可能是因为分配器外盖上的通气孔堵死，分油活门不能上下移动，燃油不能通过分油活门进入气缸；也可能是因为燃油沉淀物在分油活门外部与其配合壳体内壁形成了膜，导致活门卡阻，进入通道无法打开而不供油。

3. 喷嘴喷油不畅

这种故障主要是由定流嘴出口出现积碳、积铅和一些燃油沉淀物，导致燃油喷出不顺畅，出现分叉现象造成的。

4. 地面燃油气化

在高温天气下（外界大气温度超过 80°F），发动机燃油系统在地面容易形成气化的燃油。在发动机慢车和滑行发动机转速下、燃油流量低时，会加重气化现象。当高温天气长时间地面运转发动机，发现发动机转速低和燃油流量有波动时，应意识到产生了燃油气化。执行 POH 燃油气化程序，可检查和纠正燃油气化。

10.6　散热系统

发动机工作时，与高温燃气相接触的机件或零件，如气缸头、气门、电嘴以及活塞等机件会因吸热而温度剧增。如果不对这些机件进行冷却，就会导致机件失效，引发飞行事故。本节仅讨论发动机外部散热系统，不包括滑油散热器，散热系统包括气缸散热片、导风板以及整流罩。散热系统结构如图 10.38 所示，其让冷却空气流过气缸、机匣等机件的外壁，吸收和带走一些热量，使发动机机件温度，特别是气缸温度保持在规定的范围内，保证发动机正常地进行工作。

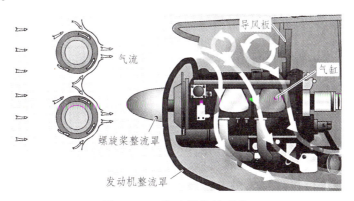

图 10.38　发动机散热系统

注意：赛斯纳 172 飞机安装的 IO-360-L2A 发动机使用空气冷却，因此散热空气的正确流动是发动机正常工作的必要条件。

赛斯纳 172 飞机的发动机整流罩包括上下两部分，片状金属壳体和上下两部分复合材料机头部分。整流罩用 1/4 圈的快拆卸螺钉固定在防振安装支架上。头部整流罩用螺钉和垫片相互固定安装。整流罩在飞机上安装固定后，与发动机周围的导风板形成气流通道，以确保足够的空气流过气缸散热片和发动机表面，带走发动机热量，如图 10.39 所示。

散热系统最常见故障是散热不良，导致发动机局部温度高。因此，日常运行中要保证整流罩无变形破损，整流罩内导风板无破裂，密封垫完整。如整流罩或导风板故障，将直接导致散热空气从其他通道流出。

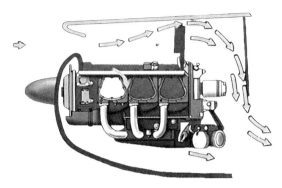

图 10.39　发动机散热原理

10.7　进气和排气

10.7.1　进 气

赛斯纳 172 使用复合材料的进气道，进气道口位于发动机下部蒙皮前部的开口处，如图 10.40 所示。进气道口安装一个进气滤，以过滤进气气流中的灰尘和异物。进气滤必须保持清洁，一般发动机每工作 100 h，需将进气滤拆下清洁。但对于空气质量较差或空气中灰尘较多的区域，应增加清洁的频率，灰尘等进入发动机内部，将加剧发动机的磨损，污染和堵塞润滑油通道。进气滤中起过滤作用的是滤纸，用黏合剂将其均匀地固定在滤网上，如黏合剂脱开，过滤性能将快速下降，必须更换新件。进气滤可使用不超过 100 psi 的压缩空气，从进气的反方向对进气滤进行清洁。还可使用清水或家用清洁剂清洗进气滤，但不能用有机溶剂清洁。

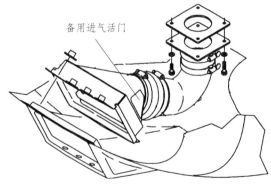

备用进气活门

图 10.40　进气道

在进气道上，设计有一个备用进气活门，正常情况下该活门由弹簧保持在常闭位，当进气道内气压低于一定值时，备用进气活门被负压打开，以确保由足够的空气进入进气道。

10.7.2 排　气

在发动机下部，安装有排气消音器，将每个气缸的废气收集，经消音器降低噪声后，从下部整流罩排出。安装佳明 G1000 系统的赛斯纳 172 飞机，每个排气支管上都安装了排气温度传感器，用于检测发动机排气温度。

10.8　其　他

10.8.1　发动机架

赛斯纳 172 飞机为单发飞机，在驾驶舱前部防火墙前方机头处安装一台 IO-360-L2A 发动机。发动机通过发动机架与防火墙相连，发动机架由 4130 钢管焊接而成，如图 10.41 所示。发动机机匣后部有 4 个发动机安装点可以与发动机架相连接，发动机架再与飞机驾驶舱前部防火墙上的 4 个连接点相连接，从而将发动机固定在机头前发动机整流罩中。发动机与发动机架的连接点上，使用橡胶和金属制成的夹芯结构减振垫。减振垫呈中间略大两端略小圆管状，两端有金属块分别与发动机和发动机架相连，中间的橡胶部分能保证发动机和螺旋桨的各种振动有足够的自由度，同时还可以吸收发动机和螺旋桨的振动，从而减轻飞机结构和发动机的疲劳载荷以及消除由于振动引起的飞机操纵人员不适感。赛斯纳 172 飞机发动机安装采用的橡胶减振垫，在使用中应避免接触汽油、滑油、液压油等有机溶剂。在平时维护中，减振垫不得使用任何溶剂清洁，只能使用干净的抹布清洁，如需更换，则必须同时更换 4 个安装点的减振垫。

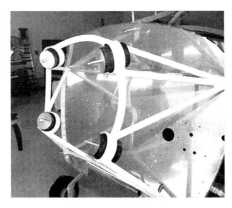

图 10.41　发动机架

10.8.2　放泄管路

安装在发动机上的许多部件装有泄放管路以使油液和/或蒸汽溢出和通气到大气中，包含了进气道放泄管路、发动机机匣通气管路和燃油分配器余油管等，如图 10.42 所示。这些管路使用软管或硬管并用卡子固定，并且在防火墙的左前部汇集成一束。这些管路应定期检查是否堵塞，如果堵塞将造成发动机工作不正常。例如，发动机机匣通气管堵塞，将使发动机机匣内部气压高于外部气压，造成润滑系统、燃油系统等故障。

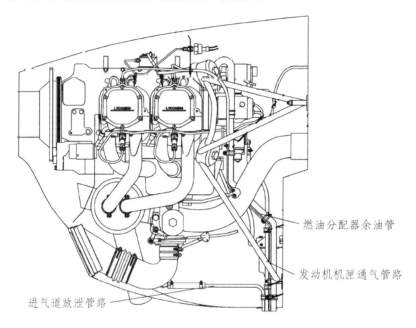

燃油分配器余油管

发动机机匣通气管路

进气道放泄管路

图 10.42　发动机放泄管路

第 11 章
螺旋桨

赛斯纳 172 飞机使用了一副两叶全金属定距螺旋桨（见图 11.1），由美国麦考利螺旋桨系统公司（McCauley Propeller Systems，以下简称麦考利公司）生产，桨叶使用铝合金锻造后机械加工而成，可为单发活塞发动机提供最高飞行性能和最低运行成本。赛斯纳 172R 和 172S 使用了不同型号的麦考利螺旋桨，具体信息见表 11.1。

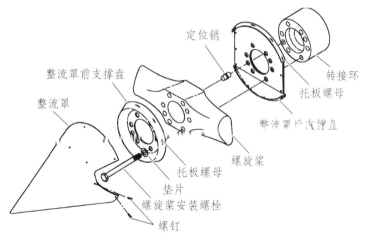

图 11.1　螺旋桨系统示意图

表 11.1　赛斯纳 172 螺旋桨

机型	赛斯纳 172R	赛斯纳 172S
制造单位	麦考利	麦考利
型号	1C235/LFA7570	1A170E/JHA7660
最大直径	75 in	76 in

11.1　螺旋桨概述

麦考利公司由欧内斯特·G·麦考利（Ernest G. McCauley）先生于 1938 年在美国俄亥俄州代顿市创立，曾使用麦考利航空公司（McCauley Aviation

Corporation）作为公司名称，是一家专门从事飞机螺旋桨制造的企业。1960 年，麦考利公司被赛斯纳飞机公司收购。2002 年，麦考利公司将其总部从俄亥俄州代顿市搬迁至佐治亚州哥伦布市。当前，麦考利公司是世界上最大的全系列螺旋桨制造商之一，其螺旋桨已在德事隆航空、格鲁曼、派珀等多家飞机制造商的 35 万架飞机上使用，服务于商业航空、军事航空、农业、通勤以及公务航空等。

　　螺旋桨的作用是将发动机的旋转转化为对飞机的拉力，使飞机向前运动。螺旋桨叶片相对旋转平面的角度称为桨距，是影响螺旋桨性能的重要参数。桨距不可调的螺旋桨称为定距桨，桨距可调的螺旋桨称为变距桨，赛斯纳 172 飞机使用的是定距桨。螺旋桨中心与发动机轴相连的部分称为桨毂，桨毂至螺旋桨尖端称为叶片，靠近桨毂的叶片部分称为桨柄。为了便于识别，麦考利在每副螺旋桨桨毂上打印有完整的螺旋桨型号、序号、联邦航空局（FAA）许可证号、生产许可证号，以及螺旋桨的修理次数标记。赛斯纳 172 飞机使用的螺旋桨标识如图 11.2 所示。

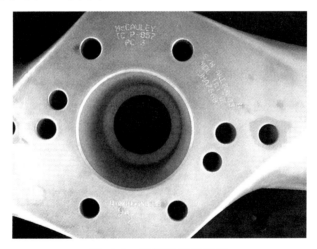

图 11.2　螺旋桨桨毂标识

McCAULEY——生产厂家标识。

TC P-857——美国联邦航空局型号合格证号。

PC 3——生产许可证号。

S/N AKE23003——序号。

MDL 1A170E/JHA7660——型号。

RECONDITIONED——修理标记（"2"表示此桨翻修过 2 次）。

赛斯纳 172 飞机使用的麦考利螺旋桨型号含义：

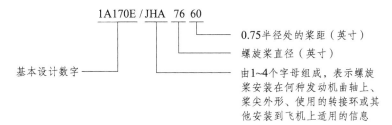

赛斯纳 172 飞机序号含义：

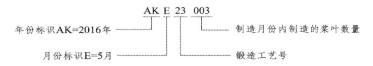

注：其他年份、月份含义见 MPC26 手册。

该螺旋桨在加工完成后，表面进行了阳极化处理，并在表面喷涂防腐漆层。螺旋桨叶尖喷涂白色或红色漆层，目的是在螺旋桨旋转后，地面能清楚地观察到旋转面。

赛斯纳 172 飞机使用的螺旋桨，转接环和螺旋桨是配对使用的并进行了平衡校准，必须安装在一起，不允许与其他的飞机互换转接盘或螺旋桨。

11.2　螺旋桨维护

11.2.1　全新螺旋桨检查

将全新螺旋桨平放在光线充足，并足够大的地板或桌面上，安装法兰朝下。检查螺旋桨表面是否有损坏迹象，如有疑似损坏迹象，彻底检查包装箱对应区域是否存在损坏。麦考利两叶螺旋桨通常用瓦楞纸矩形包装箱，从包装箱取出螺旋桨时，不要将抬升点集中在叶尖，否则可能造成螺旋桨变形。

11.2.2　日常清洁检查

使用中性肥皂水清洁叶片，除去叶片上所有残留物。清洁时确保正在清洁的叶片朝下。不要使用高压水清洁叶片，高压水可能进入到桨毂内，导致桨毂腐蚀。

注意：不要使用溶剂清洁叶片。

清洁后检查桨叶表面损伤，包含凹坑、划痕等。如发现有明显的凹坑、划痕或凸起，应当由合格的维修人员进行评估，确保损伤在允许范围内。

检查叶片是否有腐蚀迹象，如果出现明显腐蚀，应停止使用螺旋桨，并由授权的维修机构进行评估。测量叶片腐蚀最大深度，前缘或后缘的深度不得超过 0.094 in，表面可修复区域的深度不超过 0.061 in。超出这一限制的腐蚀，外场不可修复，需交由授权的维修机构进行评估和修复。

检查叶片和桨毂的油漆状况。如油漆脱落，应在叶片基材腐蚀前重新喷涂。油漆喷涂应按照麦考利的说明进行，不正确的喷涂，会影响螺旋桨平衡，造成静电放电等。

顺着桨叶边缘观察，看桨叶有没有变形、弯曲。

从外部检查整流罩、整流罩支撑盘安装牢固，无紧固件缺失，无裂纹。

注意：整流罩、整流罩支撑盘的裂纹，不允许修理。整流罩内侧磨损的深度不得超过 0.01 in。

11.2.3 雷击检查

检查叶片和桨毂上是否有烧伤或电弧痕迹。使用磁性探测器，检查螺旋桨所有暴露的钢制零件区域是否有磁性。带有磁性表明螺旋桨被雷击。检查任何局部熔化迹象。

11.2.4 超转检查

当螺旋桨以超过设计转速转动时为超转。以额定起飞转速为基准，对所有活塞发动机上安装的螺旋桨，如超转不超过 15%，完成外部目视检查即可；如超转超过 15%，联系麦考利技术支持。

11.2.5 外物撞击或鸟击后检查

任何麦考利螺旋桨发生鸟击后，必须按以下标准进行检查：

检查桨叶有无因撞击引起的损伤，如划伤、槽沟等。任何超过外场修理限制（在其他麦考利技术文件有定义）的损伤，必须拆下螺旋桨，按以下方法进行修理。

按照第麦考利标准操作手册 60-00-07 章节的桨叶轨迹和平衡内容检查桨叶轨迹。这是一次性检查，如果桨叶轨迹不符要求，必须大修螺旋桨。

检查桨叶扭转。参考定距螺旋桨桨叶晃动和所有变距螺旋桨桨叶扭转的正常标准。此项检查必须在 20 h 内每 10 h 进行。如果在 20 h 后没有变化，可以停止检查。如果桨叶未达到桨叶扭转标准，必须由经批准的螺旋桨修理人员，按照相应的螺旋桨大修手册大修螺旋桨。

如果螺旋桨在鸟击后，一片桨叶的弯曲超过限制，必须由经批准的螺旋桨修理人员，按照相应的螺旋桨大修手册大修螺旋桨。

11.3 螺旋桨常见故障

赛斯纳 172 飞机螺旋桨整流罩与前、后支撑盘使用螺钉连接，在按照整流罩时，一定要对螺钉按照交叉顺序进行拧紧，这样能够保证螺钉和整流罩受力均匀。如不按交叉顺序，将使整流罩受到不均匀的力，出现翘曲和裂纹。

第 12 章
日常维修

12.1　时限及维护

按照美国联邦航空规章第 91 部（以下简称"14CFR Part91"）91.409 条的要求，所有美国注册的民用飞机每 12 个日历月必须按照美国联邦航空规章第 43 部（以下简称"14CFR Part43"）的要求完成年检。如进行载人运营或飞行训练，需按照美国联邦航空规章第 43 部完成年检或 100h 检查。因此，赛斯纳 172 飞机 AMM 在第 5 章提供了三种日常定检方式。

12.1.1　年检/100 h（Traditional Inspection program）

此种类型定检内容来自 14CFR Part43 附录 D 的要求，针对每年度总飞行时间大约在 100h 的飞机。在 AMM 的 05-10-01 节列出了所有的检查条目，针对特定部件或项目每 50 h 进行检查。如按照日历时间来执行年检，则最多可偏离 10% 和 1 个月中的小者。如按照飞行小时来执行 100 h 检查，则最多可偏离间隔的 10%，即 10 h。

12.1.2　渐进式检查（Progressive Care inspection program）

渐进式检查是将飞机所需的检查任务均匀分解在 50 h、100 h 和 200 h，每 200 h 为一个循环。这样每个检查节点的维修工作工时更均匀。在渐进式检查方式下，按照飞行小时来控制的检查间隔，偏离不得超过 10 h；按照日历时间控制的检查间隔，最多不得超 30 天。

12.1.3　阶段检查卡（Phase Card inspection program）

阶段检查卡是赛斯纳 172 飞机特有的一类检查，其基于渐进式检查思想编写，适用于飞行强度较高（年度飞行时间接近 600 h 或超过 600 h）的飞机。该检查程序将日常检查分为 3 个阶段，每 50 h（阶段 1）对高使用频次的部件和系统进行检查，每 100 h（阶段 2）在阶段 1 的基础上增加重要部件和系统的详细检查，每 12 个日历月或 600 h（先到为准）进行一次完整检查（阶段 3）。阶段检查卡实质上是循环周期更大的渐进式检查，赛斯纳飞机公司以纸质形式单独发布销售，不包含在飞机销售时提供的持续适航文件内。该检查卡于 1997 年首次发布，2009 年和 2015 年分别进行了整体更新。

注：2017 年之后赛斯纳飞机公司不再提供阶段检查卡的更新和销售。

赛斯纳 172 飞机的拥有人或运营人，可选择以上三种定检方式中的任意一种作为基础，制定自己的定检方案。无论选择哪种定检方式，拥有人或运营人还应考虑环境因素，在极端潮湿（热带）、异常寒冷的地区，应更频繁地检查磨损和腐蚀情况，并加强润滑。直到执行维修任务的人员或维修机构根据维修经验确定符合这些地区的检查周期为止。对于 AMM 第 5 章给出的定检任务，手册均提供一个六位阿拉伯数字编码，这个编码是这项定检任务的唯一编码。在上述三种定检方式中，同样的检查任务编码是一样的，这个编码跟随这个任务，如果任务被删除，编码也将被删除并不再使用。同时，手册也会提供一个三位阿拉伯数字的检查位置代码，以表明该检查任务位于飞机的位置，该位置代码的含义见 AMM 手册第 6 章。

选择何种检查程序需要基于用户或操作者的实际情况考虑，根据用户的管理能力、年飞行小时数以及其他各种因素综合考虑。三种检查方式之间可以相互转换，转换的方法请参照中国民用航空规章或厂家的建议。

12.2　顶升、系留和停放

12.2.1　顶　升

赛斯纳 172 飞机提供了三种顶升方式，主起落架单边顶升、机翼双边顶升和紧急吊升。

在维护主起落架或更换主轮时，可以使用轮轴千斤顶单边顶升飞机。在每个主起落架上下飞机脚踏下方，安装有顶升飞机的顶点。轮轴千斤顶顶窝与该顶点配合，即可安全顶起主起落架。在单边顶起主起落架时，由于主起落架弹簧管支柱的回弹，将使主轮随千斤顶的升高而向内侧收拢，使千斤顶倾斜。因此，不得使用轮轴千斤顶同时顶升两个主起落架。

在正常情况下，应使用机翼千斤顶顶升飞机。顶升时，应当两个机翼千斤顶同时顶升，避免仅有一边升高造成飞机的侧滑，如图 12.1 所示。使用机翼千斤顶顶升飞机时，飞机的重心更靠近机头位置，因此必须在尾部系留环安装具有足够重量的尾撑和配重，以确保飞机保持平衡。使用机翼千斤顶顶升飞机，一定要确保机翼千斤顶上部顶在机翼前翼梁靠近斜撑杆连接点的位置，错误的顶升位置会造成翼梁、翼肋、蒙皮的变形。

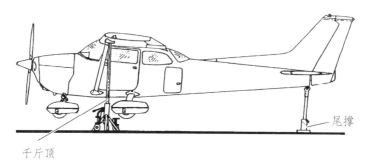

图 12.1　机翼双边顶升

为确保顶升正确，赛斯纳提供了编号为 MK172-57-03 的改装包，可以在靠近斜撑杆的机翼前翼梁位置安装顶升点，如图 12.2 所示。

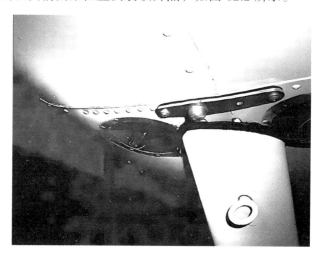

图 12.2　机翼顶升点改装

在紧急情况下，可以使用吊索进行紧急吊升。前部吊索钩住发动机架上部，后部的吊索应环绕固定在安定面前缘第一个隔框处，使用起吊能力为 2 t 以上的起重机吊起飞机。如只需要顶升前起落架，紧急情况下可以使用按压飞机尾部安定面，将前起落架举升离地。

12.2.2　系　留

正确的系留是防止阵风或强风损坏停放飞机的有效措施。系留前，应锁上舵面，设置停留刹车。然后将足够长且结实（可承受 700 lb 张力）的绳子、钢索或铁链系到飞机机翼下的系留环,另一端固定到地锚上,如图 12.3 所示。飞机尾部的系留环,也应当用将绳子、钢索或铁链系固定到尾部地锚上。如果驾驶杆没有舵面锁,可用安全带缠绕驾驶杆,将其固定在某个位置。赛斯纳 172 飞机方向舵连接有弹簧载荷转弯系统,可在小的阵风情况下提供保护,但在遇到特别强的阵风情况下,方向舵应附加额外的锁定装置。系留后套上空速管套。

图 12.3　系留飞机

12.2.3　停　放

如条件允许,应将赛斯纳 172 停放在专用机库内并设置停留刹车。户外停放时应迎风停放,因机轮与地面接触面积非常小,其轮胎压强会很高,不能将其停放在松软的地面。在寒冷天气中,当聚积的湿气可能会冻结刹车或当刹车使用后过热时,不要设置停留刹车。停放时应安装舵面锁,并在机轮下放上轮挡。在恶劣天气和大风天气下,还应使用本小节中的方法系留飞机。

赛斯纳 172 飞机机身和其安装的发动机、螺旋桨使用了大量的金属零件,特别是活塞发动机内部零件,因使用环境的需要,不能像机身零件一样可以在表面喷涂防腐漆层,在高湿度地区,发动机两日未工作,其内部零件就可能发生腐蚀。因此,赛斯纳 172 飞机的停放,还需按以下要求完成相关工作。

1. 30 天以下的停放

(1)应按照赛斯纳 172 飞机地面试车程序完成发动机地面试车,滑油温度应超过 165℉,以排除发动机内部的水分,并使发动机内部均匀挂上润滑油。

(2)空速管、静压孔、通气孔、发动机整流罩上的开口及其他一些开口应堵上,以免外物进入。

（3）清洁螺旋桨、操纵系统等外露的接头，并重新涂上润滑脂/润滑油。润滑起落架各活动关节。

（4）将燃油箱燃油添加至满位，排除油箱内的空气。

（5）拆下飞机蓄电池。

2. 30～90 天停放

（1）放尽发动机收油池和系统内的滑油（特别是散热器内滑油）。

（2）向发动机内加入规定的油封油。

（3）对发动机进行预先润滑，起动发动机暖机后，在 1 800 r/min 运转约 10 min，使滑油温度达到约 180°F，如外界气温低于结冰温度，运转发动机至滑油温度约 165°F 即可。

（4）拆下发动机上下部电嘴，卜部装上假电嘴，用注油枪诵讨卜部电嘴孔向每个气缸注入约 2 oz 油封油，再装上防潮电嘴，此后严禁扳动螺旋桨。

（5）油封油冷却后，在进、排气口处放置防潮沙袋并挂红色警示牌，堵住机匣上的通气口。

（6）用油封油涂抹发动机排气系统外表面，用塑料布或蜡纸包扎排气管口，并遮盖前轮。

（7）确定油箱燃油量在满位，视情添加。

（8）清洁螺旋桨、飞机操纵系统各外露接头、调整片等处的钢索接头，起落架无漆层的钢制构件，并润滑。

（9）润滑起落架各活动关节。

（10）拆下飞机蓄电池。

（11）空速管、静压孔、通气孔、发动机整流罩上及其他一些开口应堵上，以免外物进入。

（12）放置"不准通电""禁止扳动螺旋桨""不准起动"警告牌。

注意：停放期间的飞机每 14 天应完成运转和检查。推动飞机使轮胎转动，避免轮胎出现平点。

长时间在外面停放，会造成进气滤上积有灰尘和污垢、全静压系统管路里有堵塞物、燃油箱内有水污染物以及所有开口处都可能会有昆虫、鸟、啮齿动物的巢，必须进行全面检查清洁。如果在燃油系统中检测到水，必须再次对燃油箱滤、储油箱以及燃油箱放油活门放油取样，然后轻轻摇动机翼、将机尾压至地面，进一步将杂质移到取样检查点。对所有放油活门进行反复取样，直到所有杂质全部被清除。如果反复取样后，杂质依然存在，油箱应彻底排空，

并清洁燃油系

12.3 牵引和滑行

赛斯纳 172 飞机滑行时使用方向舵脚蹬控制前轮可产生左右两侧各大约 10°的偏转，蹬左舵向左转，蹬右舵向右转。配合左或右刹车其中的一个，其偏转角度可以增加到左右两侧各 30°。滑行同时使用刹车和前轮转弯时，飞机的最小转弯半径约为 27 ft。

在地面时，可使用行李舱的牵引杆牵引飞机，由于赛斯纳 172 飞机前起落架转向机构连接左右脚蹬扭力管，并与方向舵操纵系统联动，使用牵引杆牵引飞机不要使前轮转向角度偏离中心线超过 30°，否则将损坏前起落架。地面如需获得更小的转弯半径，可以压下水平安定面前的尾锥隔框使前轮抬离地面，然后让飞机沿任一主起落架转动。注意施加压力时，应确保压力施加在隔框区域而不是隔框之间的蒙皮上，此种方法不允许在水平安定面上施加压力。

12.4 清洁和润滑

清洁和润滑是保障赛斯纳 172 飞机正常运行的一项重要工作，合适的清洁和润滑将有效延长零部件的使用寿命。

12.4.1 机身外部清洁

机身外部的清洁，可降低腐蚀发生的概率，保护机身外部油漆的光洁度。机身外部清洁的清洁剂，详见 AMM 推荐或中国民用航空局发布的"经适航批准的民用航空用化学产品清单"。

对于机身外部清洁，禁止使用硅基蜡来抛光机身外表面，因为它会造成静电累积。禁止将飞机停放在有可能直接接触到甲醇、工业酒精、汽油、苯、二甲苯、甲基酮、丙酮、四氯化碳、挥发性漆稀释剂（如橡胶水）、商用或家用门窗清洗剂、褪漆剂或其他类似的化学溶剂液体或挥发气体的地方。风挡玻璃上的防晒板不使用时应折叠收起，如果没有收起，防晒板反射的热量可能导致风挡玻璃的温度升高。如果防晒板镜片是安装在座舱里面的，应注意使反光镀银面朝外。

通常机身外部喷漆表面使用水和中性肥皂来清洗就可以保持光亮。含有研磨剂的肥皂和洗涤剂将造成表面腐蚀和刮伤，应禁止使用。对难以清除的滑油或油脂用蘸有干洗溶剂油的抹布来清洗。对喷漆表面的微小缺陷或刮伤应进行封蜡处理，可以使用质量较好的汽车用抛光蜡进行打蜡，这样可以良好防腐。如果飞机是在海边或盐分较重的环境下使用，则必须经常清洗和打蜡。打蜡时，铆钉头和搭接处应尤为注意，因为这些地方最易发生腐蚀。在对机翼、尾翼、前起落架整流罩、螺旋桨整流罩等处的迎风面打蜡时蜡层应打厚一些，这样可以帮助减少这些部位的磨损。在使用肥皂水清洁或使用过防冰液之类的化学用剂后，必须再次进行打蜡处理。

12.4.2　机身内部清洁

（1）内部装饰面板由重乙烯基材料制造而成。可以使用中性洗涤溶液或市场购买的清洗剂来清洗面板，对于不容易清洁的污点，还可以使用石脑油来清洗。确定使用的清洗剂对内部面板不会造成损伤，如果使用前不能确定，最好先蘸取少量清洗剂来进行试验。

（2）地板是由聚丙烯材料编织而成，背面具有防火性。聚丙烯材料抗污能力较强，通常情况下不需要进行维护。如果地板变脏，可以市场购买相应的清洗剂来进行清洗。

（3）赛斯纳 172 飞机座椅标准配置表面为普通织物，对座椅的清洁必须经常进行，同时必须在污染物浸透座椅纤维织物之前尽快清除。不同的污物应使用不同的清洁程序，详见 AMM 手册第 12 章。

（4）赛斯纳 172 飞机综合仪表显示屏使用清洁、柔软的擦布和专用的眼镜镜片清洁剂（确认清洁剂对抗反射材料无损伤）来清洁。

12.5　称重和校水平

12.5.1　称　重

飞机设备的增减、机体结构的大修、整机重新喷漆等，不仅会影响会改变空重和有效允许载荷，还会改变航空器的重心。这些改变，应受到关注，因为重心的改变可能会影响航空器飞行性能。有关飞机的重量与平衡数据，可以从飞机的型号合格证数据单（Type Certificate Data Sheets，TCDS）中获得，该数据单规定了飞机的操作限制以及重量与平衡报告等。拆除重量可忽视的标准件或增加小部件，如飞机上的螺母、螺栓、铆钉、垫片等标准件，不需要做重量与平衡检查。但如果进行了重要的改装、修理或较大设备的更换，则需要做重量与平衡检查。详细称重程序见赛斯纳 172 飞机 POH 第 6 章，称重后重心变化数据，应填入 POH 重量与平衡记录表格中。

1. 称重前准备

（1）在飞机称重之前，去除飞机上多余的灰尘、油脂等，以及飞机上的积雪、冰或水，如座舱内座椅被浸水，还应先烘干。

（2）飞机称重必须在一个封闭的机库中完成，以减少气流对称重数据的影响。

（3）将飞机襟翼收上，将飞机飞行操纵系统设置在"中立"位。

（4）称重时，必须将空机重量报告里规定的全部飞机设备都包含进来，设备是飞机重量与平衡报告的一部分。确认飞机上无多余的其他设备。

（5）称重仪器在称重前应是经校验合格的。按称重仪器厂家的使用说明，将称重仪器归零。如有必要，应将仪器放平，放置在飞机合适的支撑下，支撑的方式为：陆地飞机通常放置在机轮下；水上飞机放置在浮筒下；雪撬型飞机放置在雪撬板下；其他可能的飞机结构支撑顶升点可放置在规定的支持顶点下。重量与平衡报告中清楚地标明了这些点和替代使用设备。

（6）放泄燃油直到油量指示为零。如在 TCDS 或者飞机技术规范中有相关说明，可执行在飞机处于水平飞行姿态时，将油箱里的油放干净。燃油箱中残留的油量，管路中的油量，以及发动机中残留的油量都应该包含在空机重量里。在特殊情况下，如果有确定燃油准确重量的方法，可在油箱满油的情况下对飞机进行称重。

（7）向滑油系统添加 TCDS 或技术规范里注明的滑油量。液压油也应加注至手册规定的位置。

注意：在美国民用航空规章（CAR-3）认证的飞机上，是减去了滑油重量来得到空机重量。在 CFR-14 里第 23 部，滑油的重量是包含在空机重量里的。对于美国进口的老旧飞机，要特别注意。

（8）当读取称重仪器的读数的时候不要设置刹车。

（9）注意查阅飞机履历，大修和改装是飞机重量和重心变化的主要原因。

2. 飞机称重

（1）轮胎充气到推荐的操作压力。

（2）将称重设备置于每个机轮下（称的最低称重能力大于手册规定）。

（3）使前轮放气和/或降低或抬高前轮支柱，使水平尺上的气泡位于中间。水平尺放置的位置见维护手册第 8 章。

（4）读数。当飞机从称重仪器上放下时，要注意轮档、千斤顶等影响飞机总重量的物体。

3. 重量与平衡计算

常见的重量与平衡计算方法如图 12.4 所示。

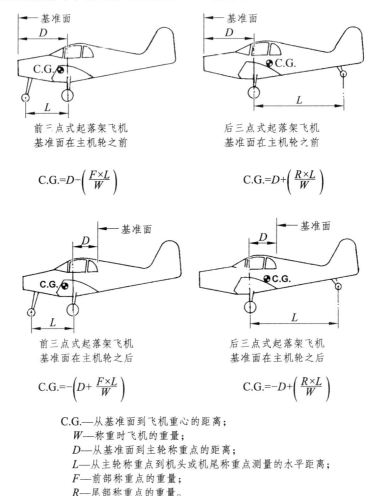

前三点式起落架飞机
基准面在主机轮之前

$$C.G.=D-\left(\frac{F\times L}{W}\right)$$

后三点式起落架飞机
基准面在主机轮之前

$$C.G.=D+\left(\frac{R\times L}{W}\right)$$

前三点式起落架飞机
基准面在主机轮之后

$$C.G.=-\left(D+\frac{F\times L}{W}\right)$$

后三点式起落架飞机
基准面在主机轮之后

$$C.G.=-D+\left(\frac{R\times L}{W}\right)$$

C.G.——从基准面到飞机重心的距离；
　　W——称重时飞机的重量；
　　D——从基准面到主轮称重点的距离；
　　L——从主轮称重点到机头或机尾称重点测量的水平距离；
　　F——前部称重点的重量；
　　R——尾部称重点的重量。

图 12.4　空重重心计算公式

12.5.2　校水平

在对飞机称重和机翼油箱油量传感器校验时，需要将飞机处于水平状态。在飞机尾椎上提供了纵向校水平的参考点，横向水平参考点找到左右门口上的相同位置即可。详细的校水平程序，见 AMM 手册第 8 章。

12.6 补充检查文件

赛斯纳 172 飞机补充检查文件（SUPPLEMENTAL INSPECTION DOCUMENT，SID）是赛斯纳飞机公司、赛斯纳 172 飞机运行人和美国联邦航空局共同开发的针对飞机主结构元件（Principal Structural Elements，PSE）的检查内容，其目录见表 12.1。SID 的制定基于赛斯纳 172 飞机的使用状况、测试结果和检查方法，充分考虑了腐蚀、疲劳、意外损伤等情况，内容包含了检查要求、技术标准、时限等。PSE 的选择基于赛斯纳飞机公司服务通告/服务信函、美国联邦航空局和其他局方收到的使用困难报告（Service Difficulty Records，SDR）、腐蚀/损坏数据和试验数据。SID 对于飞行小时数小于 30 000 h 的赛斯纳 172 飞机有效，飞行时间超过 30 000 h 飞机，赛斯纳飞机公司不再能保证其持续适航性，建议退役。

表 12.1　补充检查文件目录

章节	系统	标题	首次	重复
5-14-01	飞行操纵	方向舵脚蹬扭力管检查	10 000 小时或 20 年	3 000 小时或 5 年
5-14-02		升降舵配平手轮支架和传动支架检查	1 000 小时或 3 年	1 000 小时或 3 年
5-14-03	起落架	主起落架减振弹簧检查	MILD/MODERATE 20 年 SEVERE 10 年	MILD/MODERATE 10 年 SEVERE 5 年
5-14-04		主起落架连接部位检查	3 000 小时或 5 年	1 000 小时或 5 年
5-14-05		主起落架轴检查	6 000 小时或 10 年	1 000 小时或 3 年
5-14-06		前起落架扭力臂叉检查	3 000 小时或 5 年	3 000 小时或 5 年
5-14-07	机身	贯穿梁结构腐蚀检查	MILD/MODERATE 25 年 SEVERE 10 年	MILD/MODERATE 10 年 SEVERE 5 年
5-14-08		机身前部门柱检查	TYPICAL 12 000 小时或 20 年 SEVERE 6 000 小时或 10 年	TYPICAL 2 000 小时或 10 年 SEVERE 1 000 小时或 5 年
5-14-09		防火墙检查	2 000 小时或 5 年	2 000 小时或 5 年
5-14-10		机身内部蒙皮腐蚀检查	MILD/MODERATE 25 年 SEVERE 10 年	MILD/MODERATE 10 年 SEVERE 5 年

章 节	系 统	标 题	首 次	重 复
5-14-11		座椅滑轨结构腐蚀检查	MILD/MODERATE 10 年 SEVERE 5 年	MILD/MODERATE 10 年 SEVERE 5 年
5-14-12	安定面	水平安定面、升降舵及附件检查	10 000 小时或 20 年	3 000 小时或 5 年
5-14-13		垂直安定面、方向舵及附件检查	10 000 小时或 20 年	3 000 小时或 5 年
5-14-14		机翼结构检查	TYPICAL 12 000 小时或 20 年 SEVERE 6 000 小时或 10 年	TYPICAL 2 000 小时或 10 年 SEVERE 1 000 小时或 5 年
5-14-15		机翼结构腐蚀检查	MILD/MODERATE 25 年 SEVERE 10 年	MILD/MODERATE 10 年 SEVERE 5 年
5-14-16		机翼连接接头检查	MILD/MODERATE 20 年 SEVERE 10 年	MILD/MODERATE 10 年 SEVERE 5 年
5-14-17	机翼	主翼肋腐蚀检查	TYPICAL 12 000 小时或 20 年 SEVERE 6 000 小时或 10 年	TYPICAL 2 000 小时或 10 年 SEVERE 1 000 小时或 5 年
5-14-18		斜撑杆及斜撑杆与机翼连接部位检查	TYPICAL 12 000 小时或 20 年 SEVERE 6 000 小时或 10 年	TYPICAL 2 000 小时或 10 年 SEVERE 1 000 小时或 5 年
5-14-19		副翼支撑结构检查	3000 小时或 10 年	500 小时或 5 年
5-14-20		襟翼滑轨腐蚀检查	MILD/MODERATE 20 年 SEVERE 10 年	MILD/MODERATE 10 年 SEVERE 5 年
5-14-21	发动机	发动机架检查	10 000 小时或 20 年	发动机翻修时
5-14-22	飞行操纵	操纵杆检查	TYPICAL 25 年 SEVERE 15 年	TYPICAL 10 年 SEVERE 5 年
5-14-23	机身	机身隔框检查	10 000 小时或 20 年	1 000 小时或 3 年

赛斯纳飞机公司于 2012 年在 AMM 第 19 次更新时首次发布 SID，包含了 21 项检查内容，后续修订中又增加 2 项检查内容。根据飞机的不同使用情

况，SID 提供了两种检查时限间隔分类：

（1）操作使用。

根据飞机的日常操作使用，将飞机分为 SEVERE（严重）和 TYPICAL（典型）两种类型，并给出相应的检查时限要求，该分类主要依据平均飞行时间来确定：

$$平均飞行时间=总飞行时间/总起落架次数$$

如果平均飞行时间不超过 30 min，必须使用 SEVERE 检查时限；如果平均飞行时间超过 30 min，则使用 TYPICAL 检查时限。

（2）运行环境。

根据飞机的运行环境，将飞机分为严重腐蚀环境（SEVERE CORROSION）和轻/中度腐蚀环境（MILD/MODERATE CORROSION），严重腐蚀环境指的是飞机在沿海、潮湿区域、环境污染严重区域运行超过 30%时间，其他的为轻/中度腐蚀环境。

飞机所有人和运行人按照飞机的操作使用和运行环境，选择首次执行时间和重复完成时间。

第 13 章
持续适航文件

按照 CCAR-91R4 第 91.605 条的要求，飞机的维修要使用适用的持续适航文件。按照 CCAR145R4 第 145.22 条的要求，飞机维修要具备适用的技术文件（持续适航文件和技术文件是规章中的不同描述，以下统称为持续适航文件）。因此，在赛斯纳 172 飞机维修工作中，必须具备完备的持续适航文件，其中最重要的持续适航文件就是厂家提供的各类手册。

常用的赛斯纳 172 飞机手册包含了以下类别：

赛斯纳飞机公司提供的手册-飞机维修手册（Airplane Maintenance Manual，AMM）、线路图册（Wiring Diagram Manual，WDM）、结构修理手册（Structural Repair Manual，SRM）、零部件图解目录（Illustrated Parts Catalog，IPC）。

赛斯纳飞机公司部件供应商提供的手册-莱康明发动机操作手册（Operator's Manual, OM）、莱康明发动机 IPC、麦考利螺旋桨手册（Owner/Operator Information Manual, MCP26）等，在 AMM 的 00 章节列出了适用于赛斯纳 172 飞机的所有部件供应商的有效手册目录。

除上述维修相关手册外，在赛斯纳 172 飞机日常维护中，还将使用 POH，如飞机地面试车、重量与平衡等在飞行员操作手册中进行详细描述。

按照手册的适用范围，手册可分为客户化手册和非客户化手册。客户化手册针对飞机的特定客户或者特定飞机定制的手册，不同的客户或者不同飞机，其手册是不一样的，客户化手册没有通用性。非客户化手册在不同的客户之间是可以通用的，其修改版次也是一样的。赛斯纳 172 的手册基本都是非客户化的，对于 AMM、WDM、SRM、IPC，赛斯纳 172R 和赛斯纳 172S 虽然是两种型号，但使用的是同一本手册，在手册内针对 R 型和 S 型的差异，手册内容会做适用性说明，使用序号来区分。赛斯纳 172 飞机的序号位于飞机尾部的铭牌上，每架飞机是唯一的。赛斯纳 172 飞机除了 R 和 S 的型号分类外，根据各个时期安装的设备差异，还有更细的分类。典型的有：

172R/172S（1997&On）——适用于所有赛斯纳 172 飞机。

172R（NAVⅢ KAP140）——安装 G1000 系统和 KAP140 自驾系统的赛斯纳 172R。

172R（180HP）——换装麦考利 1A170E/JHA7660 螺旋桨的赛斯纳 172R。

172R（NAVⅢ GFC700）——安装 G1000 系统和 GFC700 自驾系统的赛斯纳 172R。

172S（NAVⅢ）——安装 G1000 系统的赛斯纳 172S。

AMM、WDM、SRM 和 IPC 在具体章节适用性说明中应特别注意上述可能出现的类别。对于 POH 和 PhaseCard 因为内容差异较大且只提供纸质版，其手册是按照细分类别进行编写的，购买时应特别注意其适用性。采购到货后，还应按照所拥有或使用的飞机序列号，逐个确认手册的适用性，避免使用错误的手册。

13.1　手册编写规则

赛斯纳 172 飞机维修手册基本都是按照 ATA 100 规范编写，ATA100 是英文 Air Transport Association of America（ATA）Specification No.100 的简称，即美国航空运输协会第 100 号规范《航空产品技术资料编写规范》。它是美国航空运输协会（ATA）会同众多航空制造厂商和航空公司共同制定的一种规范，用以统一不同航空器厂家以及同一航空器厂家不同飞机机型的各种技术手册的编排和出版格式。ATA100 是普遍适用于几乎所有飞机手册的规范，已经在国际民用航空领域广泛采用，成为一种民用航空器在设计、制造、使用、维修等过程中技术资料、文件、报告和目录索引的国际统一编号方式，使航空器在整个运行过程中的数据记录、技术处理、资料检索、文件归档保管等更加标准规范、方便快捷。

为适应手册电子化需要，ATA 还颁布了 iSpec2000 和 iSpec2200 规范，与欧洲航空航天与防务工业协会（Aerospace And Defense Industries Of Europe，ASD）、美国航空航天协会（Aerospace Industries Association，AIA）颁布了基于公共源数据库的技术出版物国际规范 S1000D，上述规范均以 ATA100 规范为基础。当前，依据 ATA100 规范编写的赛斯纳 172 飞机维修手册包含 AMM、WDM、SRM IPC 等，莱康明发动机公司发布的 OM 手册使用了其企业规则，麦考利螺旋系统公司发布的 MPC26 使用了 ATA iSpec2200 规范。

注意：赛斯纳 172 飞机的手册均使用所有英制单位。

13.2　手册介绍

13.2.1　飞机维修手册

1. 手册前言（Front Matter）

前言部分介绍了该手册的内容、使用方法、修订记录、出版介质、服务通告清单等信息，赛斯纳 172 飞机 AMM 中前言部分还列出了"制造商技术出版物清单"。手册前言部分主要包括手册修订记录、手册介绍、服务通告清单和手册章节清单等重要内容和飞机制造厂家加入的其他说明内容。"手册修订记录"主要记录手册修订的次数、修订的页码、修订版本号；"手册介绍"包含手册主要内容、使用方法等资料；"服务通告清单"包含所有厂家发布的服务通告的列表；"手册章节清单"列明了这本手册所有章节。

2. 手册修订的识别

赛斯纳 172 飞机 AMM 一般使用下面的方法进行修订内容的标注：

（1）对原内容进行增加、修改或删除的部分，在修改部分左边的空白处，用一条黑色竖线进行标记。

（2）在重新修订的版本中，以前修订时标记的竖线将被删除。

（3）对原有文字进行增改时，在修改部分左边的空页处有一条黑竖线标记。

（4）当进行修改时必须移动某一项（或几页）未修改的文字的位置时，在相关页的章/节/子节号、页号和印刷日期部位左边的空页处有一条黑竖线标记，在同一页的其他部位无黑竖线标记。

（5）用来识别这些页的印刷日期并标明这些页经过修订。

（6）当大的技术改进要对原有文字进行大的改动时，在整个修改的文字部分有一条黑竖线标记。

（7）当对原插图进行修改时，在改动部分左边的空页处用一条黑竖线标注。

3. 注意、告诫和警告

赛斯纳 172 飞机 AMM 中有三个表示工作安全等级的词语：注意（Notes）、告诫（Caution）、警告（Warning），一般用加黑的文字进行描述。当遇到这样的词语时机务维护人员要高度重视，严格遵守。

Notes——内容是有助于简化或方便维修工作的信息。

Caution——若不按此程序内容操作可能造成设备损坏。

Warning——若不按此程序内容操作可能造成人员伤害或死亡。

4. 手册章节

AMM 手册除了 00 章节外，其他章节见表 13.1。

表 13.1　AMM 手册章节

飞机总体		飞机系统		飞机结构		动力装置	
章节	章节名称	章节	章节名称	章节	章节名称	章节	章节名称
5	时限和维护检查	20	标准施工-机身	51	标准施工-结构	61	螺旋桨
6	尺寸和区域	21	空调	52	舱门	71	动力装置
7	顶升和支撑	22	自动驾驶	55	安定面	73	发动机燃油和操纵
8	水平和称重	23	通信	56	窗	74	点火
9	牵引和滑行	24	电源	57	机翼	76	发动机控制
10	停放、系留、封存和恢复使用	25	设备与装饰			77	发动机指示
11	铭牌和标记	26	防火			78	排气
12	勤务	27	飞行操纵			79	滑油
		28	燃油			80	起动
		31	指示/记录系统				
		32	起落架				
		33	灯光				
		34	导航				
		37	真空				

在赛斯纳 172 飞机 AMM 中，有下面几个章节并不专门针对某一个特定飞机系统的维护工作。

第 5 章：时限和维护检查。主要介绍飞机及其重要部件的不同时限及维修要求。将维修工作分为定期维修或例行维修（Scheduled Maintenance）和非定期或非例行工作（Unscheduled Maintenance）。

第 12 章：勤务。介绍飞机加油、加水、充气、油脂润滑、清洁等工作内容，主要包括飞机燃油勤务、液压油勤务、动机滑油勤务、起落架减振支柱勤务、机轮勤务、飞机各润滑点勤务和飞机清洗勤务等。

第 20 章：标准施工-机身。本章节主要介绍维护中使用的耗材和工具注意事项；提供不同类型紧固件的力矩要求；描述使用保险丝、开口销、保险卡环的恰当方法；描述维护、清洁、检查不同机体结构和相关部件中经常使用的各种溶剂的特性；以及公制和英制单位的换算。

13.2.2　零部件图解目录

赛斯纳 172 飞机 IPC 表示零件信息的表格分为 5 列，第 1 列表明图号（FIG）和项次号信息（ITEM），第 2 列表明零件件号 PN（PART NUMBER），第 3 列表明零件名称（NOMENCLATURE）和装配等级（1~7 数字），第 4 列表明有效性情况，第 5 列表明零件的装机数量。

项次号信息．此号码用来表示表中零件信息与图中零件的对应关系。例如，"76"与本表对应的图中，标注为 76 号的零部件其件号为"051357-21"。若在项次号前有"—"的，表明该项零部件不能在图中显示。

件号信息：件号主要有 3 类，一类是标准件件号，如螺栓、螺母、垫片等，这类零部件为通用部件；第二类是供应商件号，由飞机部件供应商提供；第三类是飞机制造厂家的件号，有飞机厂家自行生产的部件用此类件号标注。第 3 列的有装配信息、零部件名称、零件互换性等信息。

第 3 列 1~7 数字表示零部件从属关系、安装级别和装配关系等信息，用零件名称前的小黑点数量表示从属关系。

最高一级组件

·构成最高一级组件的组件；

··构成组件的次级组件；

···构成次级组件的零部件。

第 4 列表示零部件的有效性。若件号对应的此栏为空，表示该零件没有飞机构型的使用限制，可用于手册前言部分"飞机有效性索引"所列的所有飞机。若此栏中有数字则表示有飞机构型使用限制，这种情况需要维护人员在多个具有相同项次号中进行零件件号筛选。

第 5 列数量信息：UPA（Units Per Assembly）。数字表示图示组件中包括的零件的个数。若是"RF"（Reference）表示参考 NHA 组件中的数量。若是"AS"（As Required）表示根据装配情况确定零件数量。

13.3　手册的获取和有效性控制

赛斯纳飞机公司提供 AMM、WDM、SRM 和 IPC 的纸质版、光盘版和在线数字手册，POH 和 PhaseCard 仅提供纸质版本。赛斯纳 172 飞机维修手册的获取和持续更新是需要付费的，可在赛斯纳飞机公司技术支持网站购买。对于使用网络不方便的区域，可采购光盘版手册。对于网络通畅的区域，推荐使用在线发布的数字手册。对维修手册的适用性，可使用赛斯纳飞机公司技术支持网站提供的出版物目录（Publication Catalog）进行查询。赛斯纳飞机公司在中国上海有常驻技术服务代表，对维修手册件获取有疑问，可咨询技术服务代表。赛斯纳飞机公司在新加坡有常驻亚太区的技术服务代表，主要解决结构方面的维修技术支持。

赛斯纳 172 飞机安装的莱康明发动机相关手册，可登录莱康明发动机公司官方网站下载或咨询，网址 www.lycoming.com，如有疑问可发送问询邮件至 Technicalsupport@Lycoming.com 咨询。

赛斯纳 172 飞机安装的麦考利螺旋桨相关手册，可登录麦考利螺旋桨官方网站下载或咨询，网址 mccauley.txtav.com。

赛斯纳 172 飞机安装的佳明航电相关手册，可登录佳明公司官方网站下载或咨询，网址 support.garmin.com。

燃油调节装置、电嘴、油滤等部件，可根据 AMM 手册 00 章节提供的信息，联系相关厂家获取维修相关手册。

为了保证飞行安全，飞机和部件制造商必须对飞机运行中发现的问题进行及时响应，并修订相关手册以防止类似问题再次发生。因此，飞机的手册不是一成不变的，而是动态更新的。常见的更新包含了如下几类：

（1）出版物修订、临时修订、重新发布和补充（Publication Revisions, Reissues, Temporary Revisions and Supplements）。

赛斯纳飞机公司对 AMM、WDM、SRM 和 POH 的更新，分为定期修订和临时修订。临时修订是为了保证更新的及时性，临时修订在 ATA 章节中连续编号，页码采用与被修订页面一致的页码，临时修订会在下一次定期修订时纳入手册中。纸质版手册修订，通常在左侧空白处用黑色竖线进行标记。在线数字手册修订，以淡蓝色底色进行标记。

（2）服务通告（Service Bulletins）。

服务通告通常发布对飞机和/或飞机系统强制进行的特殊检查和经批准的更改，是飞机设计、制造单位根据自身和客户信息，对飞机和/或飞机系统可靠性和安全性的改进。服务通告通常会被纳入后续是手册修订中。

（3）服务信函（Service Letter）。

飞机制造单位发布的一种针对飞机和/或飞机系统的说明、通知等的信息类文件。服务信函通常不是强制性的。

飞机所有人或运行人应当指定专人负责手册有效性控制，定期查阅出版物目录确定手册的有效版本，查阅相关网站确认飞机、发动机、螺旋桨和航电制造单位是否发布新的服务通告、服务信函。对于已更新的内容，应评估确定是否影响当前正在运行的飞机。使用已过期的手册或未在规定时间内执行服务通告，将使飞机处于不适航状态，严重的将会被局方暂停或吊销适航证件。

13.4 其他文件

除上述维修和运行使用的各类手册外，飞机运行还需以下几类文件：

13.4.1 始终展示的文件

包含适航证（Airworthiness Certificate）、国籍登记证（Registration Certificate）、电台执照（Aircraft Station Licence）。

《中华人民共和国民用航空法》和《中华人民共和国民用航空器适航管理条例》均明确规定"设计、生产及维修民用航空器及其发动机、螺旋桨和民用航空器上设备，须向国家民用航空主管部门申请领取型号合格证书、生产许可证书及维修许可证书"。航空器须有国家民用航空主管部门颁发的适航证，方可飞行。如果没有获得该证明，则航空器将无法投入运营。

《国际民用航空公约》规定"从事国际空中航行的每一航空器应载有适当的国籍标志和登记标志"。CCAR-45规定"在中华人民共和国领域内飞行的民用航空器，应当具有规定的国籍标志和登记标志或临时登记标志，并携带国籍登记证书或临时登记证书"。国籍登记证是民用航空器在某国登记注册的凭证，凡取得某国的民用国籍的民用航空器受该国法律管辖和保护。

电台执照是民用航空器合法设置、使用无线电台站的凭证，已取得国籍证和适航证应申请办理电台执照。

13.4.2 始终携带的文件

包含重量与平衡数据表、设备清单、飞行员操作手册。

航空器的起飞重心、着陆重心和无油重心是航空器的重要数据，航空器的重心处于规定的范围内才能实现其稳定性和操作性。受到本身结构强度、动力装置性能以及运行条件等因素的限制，航空器的最大起飞重量必须在规定的范围内，因此其允许的装载量受到限制。每次飞行前，飞行员会根据当时当地具体条件，计算最大装载量和飞机重心，重量与平衡数据表是计算所用的重要数据。

航空器的设备清单表面的航空器上所有安装的设备，这是航空器维修的重要依据。

飞行员操作手册介绍了关于航空器驾驶方面非常重要信息，包含了航空器的基本性能、限制、应急程序、正常程序等内容。每架飞机必须配备飞行员操作手册。

13.4.3　必须建立的文件

必须建立的文件包含飞机、发动机和螺旋桨履历本。

履历本记录了飞机、发动机和螺旋桨的件号、序号等基本信息，以及交付所有人或运行人后经历的所有维修信息，是确保飞机、发动机、螺旋桨安全使用的重要文件。赛斯纳 172 飞机上，除了飞机、发动机和螺旋桨外，按照重要程度，还可对其他部件建立履历本。

参考文献

[1] 曲景文. 世界通用飞机[M]. 北京: 航空工业出版社, 2014.

[2] 张卫正. 内燃机失效分析与评估[M]. 北京: 北京航空航天大学出版社, 2011.

[3] 朱仙鼎. 中国内燃机工程师手册[M]. 上海: 上海科学技术出版社, 2000.

[4] JOHN B HEYWOOD. Internal combustion engine fundamentals. McGraw-Hill Inc, 1988.

[5] 中国民用航空局. 民用航空器维修单位合格审定规则（CCAR-145R4）, 2022.

[6] Dale Crane. Powerplant (Third Edition). Aviation Supplies&Academics Inc, 2011.

[7] 斯诺里 古德蒙森. 通用航空飞机设计: 应用方法和设计流程[M]. 北京: 航空工业出版社, 2019.

[8] 阎成鸿. CESSNA 172R 型飞机机型培训教程[M]. 北京: 航空工业出版社, 2008.

[9] 刘亚斌, 关于一起 CESSNA172 机型发动机抖动典型故障分析[J]. 内燃机与配件, 2024, (20): 66-68.

[10] 易思云, 陈霄阳, 杨兆军, 等. CESSNA172 飞机垂尾倾斜角的测量系统及灰色预测[J]. 机械研究与应用, 2024, 37(4): 32-35.

[11] 樊鹏飞. CESSNA172R 飞机发动机点火系统多发性故障浅析[J]. 内燃机与配件, 2024, (4): 81-83.

[12] 易思云, 龙小辉, 陈霄阳. Cessna 172 飞机水平测量技术研究[J]. 机电信息, 2023, (5): 74-77.

[13] 陈亮, 赵晨迪. Cessna172 飞机主起落架多发性故障及原因分析[J]. 机电信息, 2023, (03): 70-73.

[14] 张鹏飞. Cessna 172 飞机起落架螺栓损伤分析[J]. 中国设备工程, 2022, (13): 150-152.

[15] 巴文亮. Cessna 172R 飞机轮胎维护注意事项及故障预防措施[J]. 民航学报, 2020, 4(3): 79-81.

[16] 巴文亮. 赛斯纳 172R 飞机操纵钢索失效原因分析及预防措施[J]. 航空维修与工程, 2018, (3): 88-90.

[17] 罗裕富. 赛斯纳 172R 型飞机刹车作动筒活塞杆断裂失效分析[J]. 航空维修与工程, 2018, (9): 70-73.